架子工由新手变高手

李 鹏 主编

金盾出版社

内 容 提 要

本书介绍了架子工必备的基础知识和需要掌握的操作技能，“基础知识”的内容包括：架子工基本知识、各种脚手架的基本知识、各种脚手架的基本结构；“操作技能”的内容包括：各种脚手架的搭设方法、脚手架安全设施与管理、脚手架施工方案的编制。

本书内容新颖、涵盖面广、实用性强，图文并茂，浅显易懂，可作为架子工程现场施工技术指导用书，也可作为相关专业的职业技术教育参考用书，同时也适合架子工人自学使用。

图书在版编目(CIP)数据

架子工由新手变高手/李鹏主编.—北京：金盾出版社，2018.1

ISBN 978-7-5186-1328-1

Ⅰ.①架… Ⅱ.①李… Ⅲ.①脚手架—工程施工 Ⅳ.①TU731.2

中国版本图书馆 CIP 数据核字(2017)第 115942 号

金盾出版社出版、总发行

北京太平路 5 号(地铁万寿路站往南)

邮政编码：100036 电话：68214039 83219215

传真：68276683 网址：www.jdcbs.cn

封面印刷：北京印刷一厂

正文印刷：北京万博诚印刷有限公司

装订：北京万博诚印刷有限公司

各地新华书店经销

开本：850×1168 1/32 印张：5.875 字数：172 千字

2018 年 1 月第 1 版第 1 次印刷

印数：1～3 000 册 定价：19.00 元

编写委员会

主　　编　李　鹏

编委会成员　刘新艳　杜海龙　韩　磊　郝建强

李　亮　李　鑫　李志杰　廖圣涛

刘雷雷　孟　帅　葛美玲　苗　峰

危凤海　张　巍　张志宏　赵亚军

马　楠　张　克　徐　阳

前　言

随着我国改革开放的深入发展，建筑业作为国民经济支柱产业的地位日益突出。活跃在施工现场一线的施工人员，肩负着重要的施工职责，他们操作技能、业务水平的高低直接影响工程项目施工的质量和效率，关系到建筑物的质量和效益，关系到人们的生命和财产安全，关系到企业的信誉、前途和发展。

为了满足架子工人在施工现场所应具备的技术及操作岗位的基本要求，使刚入行的工人与上岗“零距离”接口，尽快地从一个新手转变为一个技术高手，我们组织编写了此书。本书形象具体地阐述了施工要点及基本方法，使架子工人能从基础知识和操作技能两方面掌握关键点。

本书在编写过程中，参考了大量的国家标准、行业标准以及专业著作。在此谨向有关参考资料的作者及参加编写工作、帮助排版的蔡丹丹、葛美玲、李庆磊、刘新艳同志表示最真挚的谢意。

由于编者水平有限，编写时间仓促，书中疏漏和不当之处在所难免，敬请专家和读者朋友批评指正。

编　者

目　录

* 基础知识篇 *

第一章 架子工基本知识

第一节 建筑识图

一、总平面图识读

(1)表明新建区域的地形、地貌、平面布置,包括红线位置,各建(构)筑物、道路、河流、绿化等的位置及相互间的位置关系。

(2)确定新建房屋的平面位置。一般根据原有建筑物或道路定位,标注定位尺寸;修建成片住宅、较大的公共建筑物、工厂或地形复杂时,用坐标确定房屋及道路折点的位置。

(3)表明建筑首层地面的绝对标高,室外地坪、道路的绝对标高;说明土方填挖情况、地面坡度及雨水排除方向。

(4)用指北针和风向频率玫瑰图来表示建筑的朝向。风向频率玫瑰图还表示该地区常年风向频率。它是根据某一地区多年统计的各个方向吹风次数的百分数值,按一定比例绘制,用 16 个罗盘方位表示。风向频率玫瑰图上所表示的风的吹向是从外面吹向地区中心。实线图形表示常年风向频率,虚线图形表示夏季的风向频率。

(5)根据工程的需要,有时还有水、暖、电等管线平面图,各种管线综合布置图、竖向设计图、道路纵横剖面图以及绿化布置图等。

二、建筑平面图识读

(1)表明建筑物的平面形状,内部各房间包括走廊、楼梯、出入口的布置及朝向。

(2)表明建筑物及其各部分的平面尺寸。在建筑平面图中,必须详细标注尺寸。平面图中的尺寸分为外部尺寸和内部尺寸。外部尺寸有三道,一般沿横向、竖向分别标注在图形的下方和左方。

1)第一道尺寸,表示建筑物外轮廓的总体尺寸,也称为外包尺寸。它是从建筑物一端外墙边到另一端外墙边的总长和总宽尺寸。

2)第二道尺寸,表示轴线之间的距离,也称为轴线尺寸。它标注在各轴线之间,说明房间的开间及进深的尺寸。

3)第三道尺寸,表示各细部的位置和大小的尺寸,也称细部尺寸。它以轴线为基准,标注出门、窗的大小和位置,墙、柱的大小和位置。此外,台阶(或坡道)、散水等细部结构的尺寸可分别单独标出。

内部尺寸标注在图形内部,用以说明房间的净空大小,内门、窗的宽度,内墙厚度以及固定设备的大小和位置。

(3)表明地面及各层楼面标高。

(4)表明各种门、窗位置,代号和编号,以及门的开启方向。门的代号用 M 表示,窗的代号用 C 表示,编号数用阿拉伯数字表示。

(5)表示剖面图剖切符号、详图索引符号的位置及编号。

(6)综合反映其他各工种(工艺、水、暖、电)对土建的要求。各工程要求的坑、台、水池、地沟、电闸箱、消火栓、雨水管等及其在墙或楼板上的预留洞,应在图中表明其位置及尺寸。

(7)表明室内装修做法,包括室内地面、墙面及顶棚等处的材料及做法。一般简单的装修在平面图内直接用文字说明;较复杂的工程则另列房间明细表和材料做法表,或另画建筑装修图。

(8)文字说明。平面图中不易表明的内容,如施工要求、砖及灰浆的强度等级等需用文字说明。

三、建筑立面图识读

(1)图名、比例。立面图的比例常与平面图一致。

(2)标注建筑物两端的定位轴线及其编号。在立面图中一般只画出两端的定位轴线及其编号,以便与平面图对照。

(3)画出室内外地坪线、房屋的勒脚、外部装饰及墙面分隔线。表示出屋顶、雨篷、阳台、台阶、雨水管、水斗等细部结构的形状和做法。为了使立面图外形清晰,通常把房屋立面的最外轮廓线画成粗实线,室外地面用特粗线表示，门窗洞口、檐口、阳台、雨篷、台阶等用中实线表示；其余的，如墙面分隔线、门窗格子、雨水管以及引出线等均用细实线表示。

(4)表示门窗在外立面的分布、外形、开启方向。在立面图上，门窗应按标准规定的图例画出。门、窗立面图中的斜细线是开启方向符号。细实线表示向外开，细虚线表示向内开。一般无须把所有的窗都画上开启符号。凡是窗的型号相同的，只画出其中一、二个即可。

(5)标注各部位的标高及必须标注的局部尺寸。在立面图上，高度尺寸主要用标高表示。一般要注出室内外地坪，一层楼地面，窗台、窗顶、阳台面、檐口、女儿墙压顶面，进口平台面及雨篷底面等的标高。

(6)标注出详图索引符号。

(7)文字说明外墙装修做法。根据设计要求外墙面可选用不同的材料及做法。在立面图上一般用文字说明。

四、建筑剖面图识读

(1)图名、比例及定位轴线。剖面图的图名与底层平面图所标注的剖切位置符号的编号一致。在剖面图中，应标出被剖切的各承重墙的定位轴线及与平面图一致的轴线编号。

(2)表示出室内底层地面到屋顶的结构形式、分层情况。在剖面图中，断面的表示方法与平面图相同。断面轮廓线用粗实线表示，钢筋混凝土构件的断面可涂黑表示。其他没被剖切到的可见轮廓线用中实线表示。

(3)标注各部分结构的标高和高度方向尺寸。剖面图中应标注出室内外地面、各层楼面、楼梯平台、檐口、女儿墙顶面等处的标高，其他结构则应标注高度尺寸。高度尺寸分为三道：

1)第一道是总高尺寸，标注在最外边。

2)第二道是层高尺寸，主要表示各层的高度。

3)第三道是细部尺寸，表示门窗洞、阳台、勒脚等的高度。

(4)文字说明某些用料及楼面、地面的做法等。需画详图的部位，还应标注出详图索引符号。

五、建筑详图识读

(1)建筑详图的分类及特点。

1)建筑详图的分类。建筑详图分为局部构造详图和构配件详图。局部构造详图主要表示房屋某一局部构造做法和材料的组成,如墙身详图、楼梯详图等。构配件详图主要表示构配件本身的构造,如门、窗、花格等详图。

2)建筑详图具有以下特点:

①图形详。图形采用较大比例绘制,各部分结构应表达详细,层次清楚,但又要详而不繁。

②数据详。各结构的尺寸要标注完整齐全。

③文字详。无法用图形表达的内容采用文字说明,要详尽清楚。

(2)外墙身详图识读。外墙身详图实际上是建筑剖面图的局部放大图。它主要表示房屋的屋顶、檐口、楼层、地面、窗台、门窗顶、勒脚、散水等处的构造;楼板与墙的连接关系。

1)外墙身详图的主要内容包括:

①标注墙身轴线编号和详图符号。

②采用分层文字说明的方法表示屋面、楼面、地面的构造。

③表示各层梁、楼板的位置及与墙身的关系。

④表示檐口部分如女儿墙的构造、防水及排水构造。

⑤表示窗台、窗过梁(或圈梁)的构造情况。

⑥表示勒脚部分如房屋外墙的防潮、防水和排水的做法。墙身的防潮层,一般在室内底层地面下 60mm 左右处。外墙部有厚 30mm 的 1∶3 水泥砂浆,墙面为褐色水刷石的勒墙根处有坡度 5%的散水。

⑦标注各部位的标高及高度方向和墙身细部的大小尺寸。

⑧文字说明各装饰内、外表面的厚度及所用的材料。

2)外墙身详图阅读时应注意的问题。

①±0.000 或防潮层以下的砖墙以结构基础图为施工依据看墙身剖面图时,必须与基础图配合,并注意±0.000 处的搭接关系及防潮层的做法。

②屋面、地面、散水、勒脚等的做法及尺寸应和材料做法对照。

③要注意建筑标高和结构标高的关系。建筑标高一般是墙面或楼面装修完成后上表面的标高,结构标高主要指结构构件的下皮或上皮标高。在预制楼板结构楼层剖面图中,一般只注明楼板的下皮标高。

在建筑墙身剖面图中只注明建筑标高。

(3)楼梯详图识读。目前多采用预制或现浇钢筋混凝土结构。楼梯由楼梯段、休息平台和栏板(或栏杆)等组成。

楼梯详图一般包括平面图、剖面图及踏步栏杆详图等。它们标示出楼梯的形式、踏步、平台、栏杆的构造、尺寸、材料和做法。

楼梯详图分为建筑详图与结构详图,并分别绘制。对于比较简单的楼梯,建筑详图和结构详图可以合并绘制,编入建筑施工图和结构施工图。

1)楼梯平面图。一般每一层楼都要画一张楼梯平面图。三层以上的房屋,若中间各层的楼梯位置及其梯段数、踏步数和大小相同时,通常只画底层、中间层和顶层三个平面图。

楼梯平面图实际是各层楼梯的水平剖面图。水平剖切位置应在每层上行第一梯段及门窗洞口的任一位置处。各层(除顶层外)被剖到的梯段,按"国标"规定,均在平面图中以一根45°折断线表示。

在各层楼梯平面图中应标注该楼梯间的轴线及编号,以确定其在建筑平面图中的位置。底层楼梯平面图还应注明楼梯剖面图的剖切符号。

平面图中要注出楼梯间的开间和进深尺寸、楼地面和平台面的标高及各细部的详细尺寸。通常把梯段长度尺寸与踏面数、踏面宽的尺寸合写在一起。

2)楼梯剖面图。假想用一铅垂平面通过各层的一个梯段和门窗洞将楼梯剖开,向另一未剖到的梯段方向投影,所得到的剖面图即为楼梯剖面图。

楼梯剖面图表达出房屋的层数、楼梯梯段数、步级数以及楼梯形式,楼地面、平台的构造及与墙身的连接等。

楼梯剖面图中还应标注地面、平台面、楼面等处的标高和梯段、楼层、门窗洞口的高度尺寸。楼梯高度尺寸标注法与平面图梯段长度标注法相同。如 $10\times150=1500$,10为步级数,表示该梯段为10级,150为踏步高度。

楼梯剖面图中也应标注承重结构的定位轴线及编号。对需画详图的部位注出详图索引符号。

3)节点详图。楼梯节点详图主要表示栏杆、扶手和踏步的细部构造。

第二节 脚手架基本要求

一、脚手架的作用【新手知识】

脚手架是建筑施工中一项不可缺少的空中作业工具,结构施工、装修施工以及设备安装都需要根据操作要求搭设脚手架。

脚手架的主要作用如下:

(1)可以使施工作业人员在不同部位进行操作;

(2)能堆放及运输一定数量的建筑材料;

(3)保证施工作业人员在高空操作时的安全。

二、脚手架的分类【新手知识】

脚手架的分类见表 1-1。

表 1-1 脚手架的分类

分类依据	内 容
按用途划分	(1)操作脚手架:为施工操作提供作业条件的脚手架,包括"结构脚手架""装修脚手架" (2)防护用脚手架:只用作安全防护的脚手架,包括各种护栏架和棚架 (3)承重、支撑用脚手架:用于材料的运转、存放、支撑以及其他承载用途的脚手架,如承料平台、模板支撑架和安装支撑架等
按构架方式划分	(1)杆件组合式脚手架:俗称"多立杆式脚手架",简称"杆组式脚手架" (2)框架组合式脚手架:简称"框组式脚手架",即由简单的平面框架(如门架)与连接、撑拉杆件组合而成的脚手架,如门式钢管脚手架、梯式钢管脚手架等

续表 1-1

分类依据	内容
按构架方式划分	(3)格构件组合式脚手架,即由框架梁和格构柱组合而成的脚手架,如桥式脚手架,有提升(降)式和沿齿条爬升(降)式两种 (4)台架:具有一定高度和操作平面的平台架,多为定型产品,其本身具有稳定的空间结构。它可单独使用或立拼增高与水平连接扩大,并常带有移动装置
按设置形式划分	(1)单排脚手架:只有一排立杆的脚手架,其横向水平杆的另一端搁置在墙体结构上 (2)双排脚手架:具有两排立杆的脚手架 (3)多排脚手架:具有三排及三排以上立杆的脚手架 (4)满堂脚手架:按施工作业范围满设的、两个方向各有三排以上立杆的脚手架 (5)满高脚手架:按墙体或施工作业最大高度,由地面起满高度设置的脚手架 (6)交圈(周边)脚手架:沿建筑物或作业范围周边设置并相互交圈连接的脚手架 (7)特形脚手架:具有特殊平面和空间造型的脚手架,如用于烟囱、水塔、以合理的设计减少材料和人工的耗用,节省脚手架费用
按脚手架的设置方式划分	(1)落地式脚手架:搭设(支座)在地面、楼面、屋面或其他平台结构之上的脚手架 (2)悬挑脚手架(简称"挑脚手架"):采用悬挑方式设置的脚手架 (3)附墙悬挂脚手架(简称"挂脚手架"):在上部或(和)中部挂设于墙体挑挂件上的定型脚手架 (4)悬吊脚手架(简称"吊脚手架"):悬吊于悬挑梁或工程结构之下的脚手架。当采用篮式作业架时,称为"吊篮" (5)附着升降脚手架(简称"爬架"):附着于工程结构、依靠自身提升设备实现升降的悬空脚手架 (6)水平移动脚手架:带行走装置的脚手架(段)或操作平台架

续表 1-1

分类依据	内　容
按脚手架平、立杆的连接方式分类	(1)承插式脚手架：在平杆与立杆之间采用承插连接的脚手架。常见的承插连接方式有插片和楔槽、插片和碗扣、套管和插头以及 U 形托挂等 (2)扣件式脚手架：使用扣件箍紧连接的脚手架，即靠拧紧扣件螺栓所产生的摩擦力承担连接作用的脚手架

此外，还按脚手架的材料划分为竹脚手架、木脚手架、钢管或金属脚手架；按搭设位置划分为外脚手架和里脚手架；按使用对象或场合划分为高层建筑脚手架、烟囱脚手架、水塔脚手架；还有定型与非定型、多功能与单功能之分等。

三、搭设脚手架的要求【新手知识】

搭设脚手架应符合以下 5 点要求。

(1)满足施工的需要。脚手架要有足够的作业面（比如适当的宽度、步架高度、离墙距离等），以保证施工人员操作、材料堆放和运输的需要。

(2)构架稳定、承载可靠、使用安全。脚手架要有足够的承载力、刚度和稳定性，施工期间在规定的天气条件和允许荷载的作用下，脚手架应稳定不倾斜、不摇晃、不倒塌，确保安全。

(3)尽量使用自备和可租赁到的脚手架材料，减少使用自制加工件。

(4)依工程结构情况解决脚手架设置中的穿墙、支撑和拉结要求。

(5)脚手架的构造要简单，便于搭设和拆除，脚手架材料能多次周转使用。

第三节　脚手架材料要求

一、扣件式钢管脚手架材料【新手知识】

1. 钢管

(1)脚手架钢管应采用现行国家标准《直缝电焊钢管》(GB/T

13793)或《低压流体输送用焊接钢管》(GB/T 3091)中规定的 Q 235 普通钢管,钢管的钢材质量应符合现行国家标准《碳素结构钢》(GB/T 700)Q235 级钢的规定。

(2)脚手架钢管宜采用 $\phi 48.3\times 3.6$ 钢管。每根钢管的最大质量应不大于 25.8kg。

(3)钢管内外表面不允许有裂缝、结疤、折叠、分层、搭焊、过烧缺陷存在。允许有不大于壁厚负偏差的划道、刮伤、焊缝错位、烧伤、薄的氧化铁皮以及外毛刺打磨痕迹存在。

2. 扣件

扣件是专门用来对钢管脚手架杆件进行连接的,有三种形式,如图 1-1 所示。扣件应采用可锻铸铁制作,其质量和性能应符合现行国家标准《钢管脚手架扣件》(GB 15831)的规定,采用其他材料制作的扣件,应经试验证明其质量符合该标准的规定后方可使用。

脚手架采用的扣件,在螺栓拧紧扭力矩达 65N·m 时,不得发生破坏。

(1)旋转扣件。用于连接两根平行或任意角度相交的钢管的扣件,如斜撑和剪刀撑与立柱、大横杆和小横杆之间的连接。

(2)直角扣件。用于连接两根垂直相交的杆如立杆与大横杆、大横杆与小横杆的连接,靠扣件和钢管之间的摩擦力传递施工荷载。

(3)对接扣件。钢管对接接长用的扣件,如立杆、大横杆的接长。

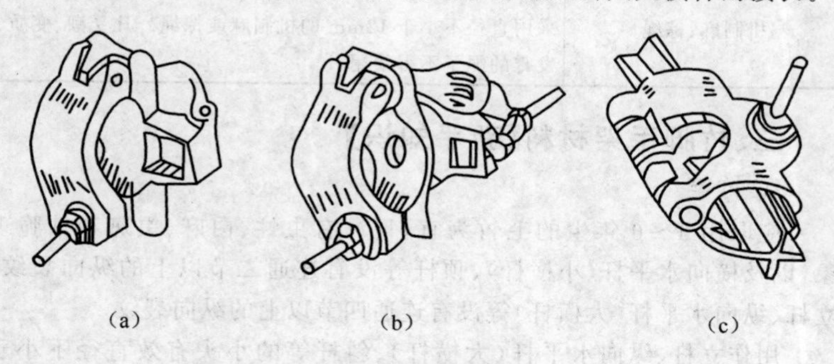

图 1-1 扣件形式

(a)直角扣件 (b)旋转扣件 (c)对接扣件

二、木脚手架材料【新手知识】

1. 木杆

一般采用剥皮杉木、落叶松或其他坚韧的硬杂木，其材质应符合现行国家标准《木结构设计规范》(GB 50005－2003)中有关规定。不得采用杨木、柳木、桦木、椴木、油松等材质松脆的树种。重复使用中，凡腐朽、折裂、枯节等有疵残现象的杆件，应认真剔除，不宜采用。

(1)用作立杆的梢径不应小于 70mm，大头直径不应大于 180mm，长度不宜小于 6m；

(2)用作纵向水平杆(大横杆)杉木梢径不应小于 80mm；红松、落叶松梢径不应小于 70mm，长度不宜小于 6m；

(3)用作横向水平杆(小横杆)杉木梢径最小不应小于 80mm；硬木梢径最小不应小于 70mm，长度宜为 2.1～2.3m。

2. 绑扎材料

木脚手架绑扎材料见表 1-2。

表 1-2　木脚手架绑扎材料

绑扎材料	材料要求
镀锌钢丝或回火钢丝	立杆连接必须选择 8 号镀锌钢丝或回火钢丝；纵横向水平杆(大小横杆)接头可以选择 10 号镀锌钢丝或回火钢丝。严禁绑扎钢丝重复使用，且不得有锈蚀斑痕
机制麻、棕绳	如使用期 3 个月以内或架体较低、施工荷载较小时，可采用直径不小于 12mm 的机制麻或棕绳。凡受潮、变质、发霉的绳子不得使用

三、竹脚手架材料【新手知识】

1. 竹竿

应取用 4～6 年生的毛竹为宜，且没有虫蛀、白麻、黑斑和枯脆现象，以及横向水平杆(小横杆)、顶杆等没有连通二节以上的纵向裂纹；立杆、纵向水平杆(大横杆)等没有连通四节以上的纵向裂纹。

用作立杆、纵向水平杆(大横杆)、斜杆等的小头有效直径不小于 75mm；(脚手架总高度 20m 以下取 60mm)。用作横向水平杆(小横杆)的小头有效直径不小于 90mm；(脚手架总高度 20m 以下取

75mm)。用作防护栏杆的小头有效直径不小于50mm。

2. 绑扎材料

竹脚手架绑扎材料见表1-3。

表1-3　木脚手架绑扎材料

绑扎材料	材料要求
竹篾	应选用新鲜竹子劈成的片条,厚度0.6～0.8mm、宽度5mm左右、长度约2.6m,且无断腰、霉点、枯脆和有六节疤或受过腐蚀的篾料。每个节点应使用2～3根进行绑扎,使用前应隔天用水浸泡 竹篾主要有两种:一种为广东产的叫广篾,强度大,韧性好,有效期一般为6个月;一种多为浙江产的叫小青篾,厚薄不匀,宽窄不一,有效期一般为3个月。使用到一个月应对脚手架的绑扎节点进行检查保养
镀锌铁丝	一般选用18号以上的规格,如使用18号镀锌铁丝应双根并联进行绑扎,每个节点应缠绕五圈以上
塑篾	在选用塑篾时,注意必须有出厂质量保证书或相应达到节点强度检测报告书为依据,方可投入使用,否则极易发生安全事故

四、脚手板【新手知识】

脚手板铺设在小横杆上,形成工作平台,以便施工人员工作和临时堆放零星施工材料。它必须满足强度和刚度的要求,保护施工人员的安全,并将施工荷载传递给纵、横水平杆。

常用的脚手板有冲压钢板脚手板、木脚手板、钢木混合脚手板和竹串片、竹笆板和钢竹脚手板等,施工时可根据各地区的材源就地取材选用。每块脚手板的重量不宜大于30kg。

常用脚手板的特点见表1-4。

表1-4　常用脚手板特点

脚手板种类	特点
冲压钢板脚手板	冲压钢板脚手板用厚1.5～2.0mm钢板冷加工而成,其形式、构造和外形尺寸如图1-2所示,板面上冲有梅花形翻边防滑圆孔。钢材应符合国家现行标准《碳素结构钢》(GB/T 700)中Q235A级钢的规定 钢板脚手板的连接方式有挂钩、插孔式和U形卡式,如图1-3所示

续表 1-4

脚手板种类	特　点
木脚手板	木脚手板应采用杉木或松木制作，其材质应符合现行国家标准的规定。脚手板厚度不应小于 50mm，板宽为 200～250mm，板长 3～6m。在板两端往内 80mm 处，用 10 号镀锌钢丝加两道紧箍，防止板端劈裂
竹串片脚手板	采用螺栓穿过并列的竹片拧紧而成。螺栓直径 8～10mm，间距 500～600mm，竹片宽 50mm；竹串片脚手板长 2～3m，宽 0.25～0.3m，如图 1-4 所示
竹笆板	这种脚手板用竹筋作横挡，穿编竹片，竹片筋相交处用钢丝扎牢。竹笆板长 1.5～2.5m，宽 0.8～1.2m，如图 1-5 所示
钢竹脚手板	这种脚手板用钢管作直挡，钢筋作横挡，焊成爬梯式，在横挡间穿编竹片，如图 1-6 所示

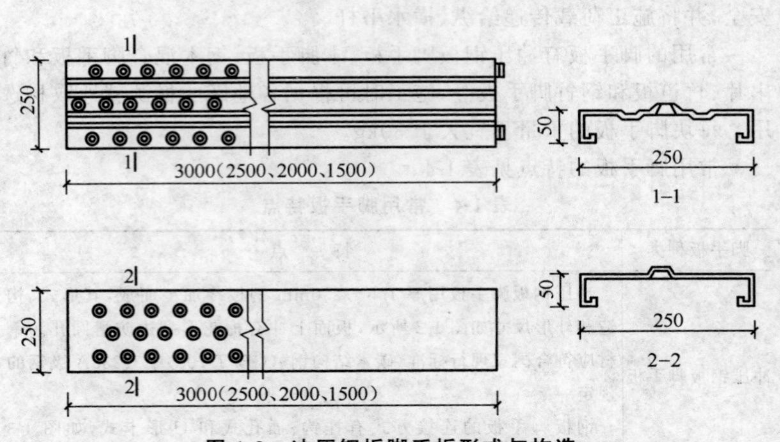

图 1-2　冲压钢板脚手板形式与构造

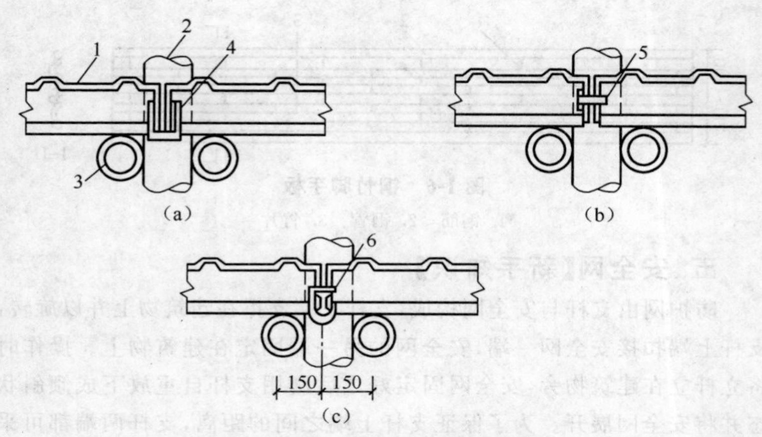

图 1-3　冲压钢板脚手板的连接方式

(a)挂钩式　(b)插孔式　(c)U形卡式

1. 钢脚手板　2. 立杆　3. 小横杆　4. 挂钩　5. 插销　6. U形卡

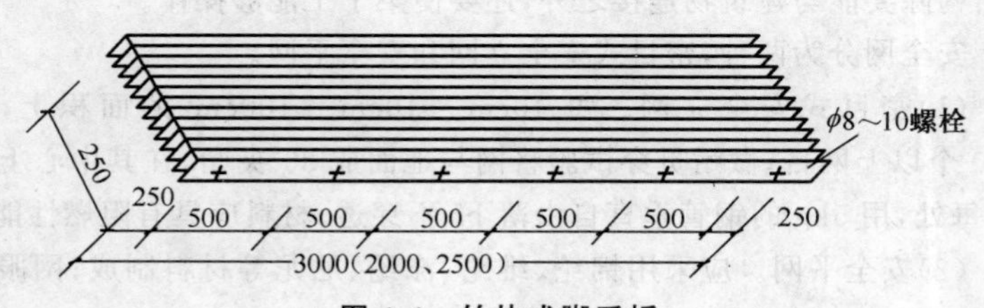

图 1-4　竹片式脚手板

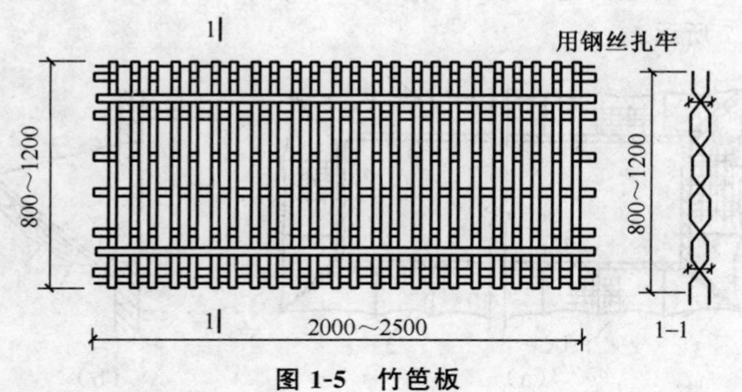

图 1-5　竹笆板

图 1-6　钢竹脚手板

1. 钢筋　2. 钢管　3. 竹片

五、安全网【新手知识】

防护网由支杆与安全网构成，支杆下端支撑在建筑物上并以旋转，支杆上端扣接安全网一端，安全网的另一端固定在建筑物上。操作时将立杆立在建筑物旁，安全网固定好之后利用支杆自重放下成倾斜状态并将安全网展开。为了保证支杆上端之间的距离，支杆两端都可采用钢管固定。当作为整体建筑安全网时，此端部纵向连杆可采用钢丝绳，但为了使钢丝绳保持绷紧状态，在建筑物四角要设抱角架。抱角架的结构除要能与建筑物连接之外，还要使架子工能够操作。

安全网分为两种，密目式安全立网和安全平网。

(1)密目式安全立网。每 $10cm \times 10cm = 100cm^2$ 的面积上，有 2000 个以上网目；做耐贯穿试验将网与地面成 30°夹角，在其中心上方 3m 每处，用 5kg 的钢管垂直自由落下，不穿透；材料应具有阻燃性能。

(2)安全平网。应采用锦纶、维纶、涤纶、尼龙等材料制成；网眼规格应为 2.5cm×2.5cm。

现以最普通的建筑物周围的防护网为例，表示其搭设和应用方法，如图 1-7 所示。

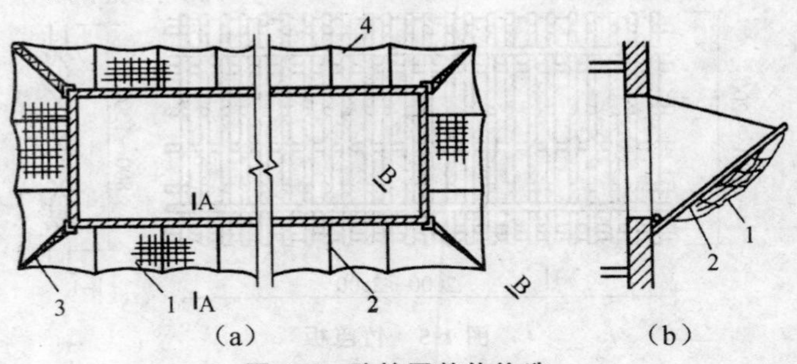

图 1-7　防护网整体构造

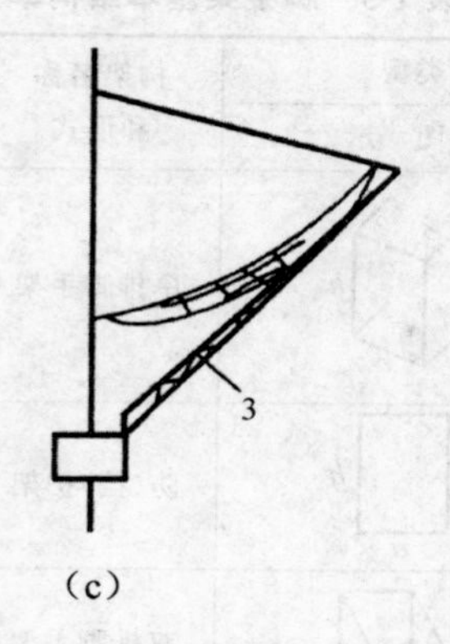

图 1-7　防护网整体构造(续)

(a)安全网平面　(b)A—A 剖面　(c)B—B 剖面

1. 安全网　2. 支杆　3. 抱角架　4. 钢丝绳

为了提高安全网的耐久性，现在安全网多由尼龙绳制作。《安全网》(GB 5725－2009)对安全网的各项技术要求及试验检测方法做出了具体规定。

为了减少挂安全网的工作，增加操作安全，多采用全封闭的密目安全网。此种安全网采用尼龙丝编制，孔径很小，因而不仅可以防止人员坠落而且可以防止物体坠落。这种安全网一般是附着于脚手架的外面，因而不需要承受很大冲击力。

第四节　脚手架构架组成

一、构架基本结构【新手知识】

脚手架构架的基本结构为直接承受和传递脚手架垂直荷载作用的构架部分。在多数情况下，构架基本结构由基本结构单元组合而成。

基本结构单元为构成脚手架基本结构的最小组成部分，由可以承受或传递荷载作用的杆件组成，包括毗邻基本结构单元的共用杆件。基本结构单元大致有 8 种类型，见表 1-5。

表 1-5　脚手架基本结构单元

序号	基本结构单元类型 名称	基本结构单元类型 图示	构架名称和形式	构架组合 方式	构架组合 作用
1	平面框格	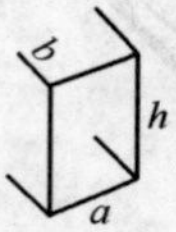 b h a	单排脚手架	双　向	整体作用
		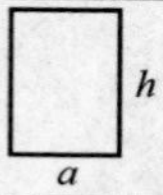 h a	防(挡)护架		
2	立体格构	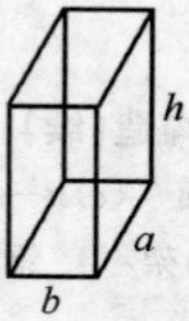 h a b	双排脚手架	双　向	整体作用
			满堂脚手架	三　向	
3	门形架	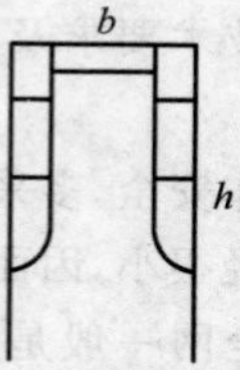 b h	双排脚手架	双　向	并列作用
			满堂脚手架	三　向	
4	其他专用的平面框格	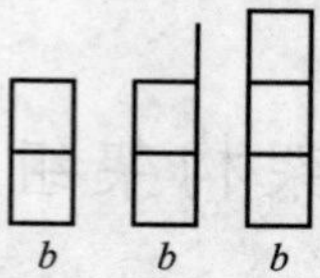 b b b	挑脚手架	单　向	并列作用
5	三角形平面支架	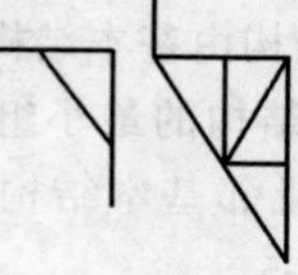	单层挑挂脚手架	单　向	并列作用
			悬挑支架，卸载架		

续表 1-5

序号	基本结构单元类型		构架名称和形式	构架组合	
	名 称	图 示		方 式	作 用
6	平面桁架		桥式脚手架	单 向	并列作用
			栈桥梁	单 独 使 用	
7	“「”形架		靠墙里脚手架	单 向	并列作用
8	支 柱		模板支撑架	单独使用或高度方向组合	并列作用

注：1. 单向组合：沿一个方向扩展；

2. 双向组合：沿高度和宽度（或长度）两个方向扩展；

3. 三向组合：沿高度、宽度和长度三个方向扩展。

二、基本结构单元组合的特点和要求【新手知识】

1. 组合形式

基本结构单元组合形式分为 3 种，其特点见表 1-6。

表 1-6 基本结构单元组合形式

组合形式	特 点
单向组合	基本结构单元沿一个方向组合，构成“单条式”架、组合柱或塔架
双向组合	基本结构单元沿两个方向组合、构成“板（片）式”架，如单排和双排脚手架
三向组合	基本结构单元沿三个方向组合，构成“块式”架，如满堂脚手架

2. 组合的承载特点

组合的承载特点见表 1-7。

表 1-7 组合的承载特点

项目	内 容
整体作用组合	基本结构单元组成一个整体结构，毗连基本结构单元的杆件共用，没有不是基本结构单元杆件的连系杆件，通常的多立杆式脚手架都属于这种情况
并联作用组合	为平行的平面结构的组合。基本结构单元之间的连系杆件只起一定的约束作用，而不直接承受和传递垂直荷载作用。门式钢管脚手架（在门架之间仅设有交叉支撑）就属于这种情况
混合作用组合	既有整体作用，也有并联作用的组合

3. 整体稳定和抗侧力杆件

这是附加在构架基本结构上的、增强整体稳定性和抵抗侧力作用的杆件，如剪刀撑、斜杆、抛撑以及其他撑拉杆件。这类杆件设置的基本要求为：

（1）设置的位置和数量应符合规定和需要；

（2）必须与基本结构杆件进行可靠连接，以保证共同作用；

（3）抛撑以及其他连接脚手架体和支承物的支、拉杆件，应确保杆件和其两端的连接能满足撑、拉的受力要求；

（4）撑拉件的支承物应具有可靠的承受能力。

三、连墙件、挑挂和卸载设施【新手知识】

1. 连墙件

采用连墙件实现的附壁联结，对于增强脚手架的整体稳定性，提高其稳定承载能力和避免出现倾倒或坍塌等重大事故具有很重要的作用。连墙件构造的形式见表 1-8。

表 1-8 连墙件构造形式

构造形式	特 点
柔性拉结件	采用细钢筋、绳索、双股或多股铁丝进行拉结，只承受拉力和主要起防止脚手架外倾的作用，而对脚手架稳定性能（即稳定承载力）的帮助甚微。此种方式一般只能用于 10 层以下建筑的外脚手架中，且必须相应设置一定数量的刚性拉结件，以承受水平压力的作用

续表 1-8

构造形式	特　点
刚性拉结件	采用刚性拉杆或构件，组成既可承受拉力、又可承受压力的连接构造。其附墙端的连接固定方式可视工程条件确定，一般有 4 种情况 (1)拉杆穿过墙体，并在墙体两侧固定 (2)拉杆通过门窗洞口，在墙两侧用横杆夹持和背楔固定 (3)在墙体结构中设预埋铁件，与装有花篮螺栓的拉杆固接，用花篮螺栓调节拉结间距和脚手架的垂直度 (4)在墙体中设预埋铁件，与定长拉杆固结 对附墙连接的基本要求如下： 1)确保连墙点的设置数量，一个连墙点的覆盖面为 $20\sim50m^2$。脚手架越高，则连墙点的设置应越密。连墙点的设置位置遇到洞口、墙体构件、墙边或窄的窗间墙、砖柱等时，应在近处补设，不得取消 2)连墙件及其两端连墙点，必须满足抵抗最大计算水平力的需要 3)在设置连墙件时，必须保持脚手架立杆垂直，避免产生不利的初始侧向变形 4)设置连墙件处的建筑结构必须具有可靠的支承能力

2. 挑、挂设施

(1)悬挑设施的构造形式，一般有 3 种，其构造形式及特点见表 1-9。

表 1-9　悬挑设施的构造形式及其特点

形式	特　点
上拉下支式	即简单的支挑架，水平杆穿墙后锚固，承受拉力；斜支杆上端与水平杆连接、下端支在墙体上，承受压力
双上拉底支式	常见于插口架，它的两根拉杆分别从窗洞的上下边沿伸入室内，用竖杆和别杠固定于墙的内侧。插口架底部伸出横杆支顶于外墙面上
底锚斜支拉式	底部用悬挑梁式杆件(其里端固定到楼板上)，另设斜支杆和带花篮螺栓的拉杆，与挑脚手架的中上部联结

(2)靠挂式设施。即靠挂脚手架的悬挂件,其里端预埋于墙体中或穿过墙体后予以锚固。

(3)悬吊式设施。用于吊篮,即在屋面上设置的悬挑梁,用绳索或吊杆将吊篮悬吊于悬挑梁之下。

(4)挑、挂设施的基本要求:

1)应能承受挑、挂脚手架所产生的竖向力、水平力和弯矩;

2)可靠地固结在工程结构上,且不会产生过大的变形;

3)确保脚手架不晃动(对于挑脚手架)或者晃动不大(对于挂脚手架和吊篮)。吊篮需要设置定位绳。

3. 卸载设施

(1)卸载设施是指将超过搭设限高的脚手架荷载部分卸给工程结构承受的措施,即在立杆连续向上搭设的情况下,通过分段设置支顶和斜拉杆件以减小传至立杆底部的荷载。卸载设施的种类有:

1)无挑梁上拉式,即仅设斜拉(吊)杆;

2)无挑梁下支式,即仅设斜支顶杆;

3)无挑梁上拉、下支式,即同时设置拉杆和支杆。

(2)对卸载设施的基本要求为:

1)脚手架在卸载措施处的构造常需予以加强;

2)支拉点必须工作可靠;

3)支承结构应具有足够的支承能力,并应严格控制受压杆件的长细比。

4. 作业层设施

作业层设施包括扩宽架面构造、铺板层、侧面防(围)护设施(挡脚板、栏杆、围护板网)以及其他设施,如梯段、过桥等。作业层设施的基本要求:

(1)采用单横杆挑出的扩宽架面的宽度不宜超过300mm,否则应进行构造设计或采用定型扩宽构件。扩宽部分一般不堆物料并限制其使用荷载。外立杆一侧扩宽时,防(围)护设施应相应外移;

(2)铺板一定要满铺,不得花铺,且脚手板必须铺放平稳,必要时还要加以固定;

(3)防(围)护设施应按规定的要求设置,间隙要合适、固定要牢固。

第五节　脚手架的安全管理

一、脚手架对基础的要求【新手知识】

1. 一般要求

(1)脚手架地基应平整夯实；

(2)脚手架的钢立柱不能直接立于土地面上，应加设底座和垫板(或垫木)，垫板(木)厚度不小于50mm；

(3)遇有坑槽时，立杆应下到槽底或在槽上加设底梁(一般可用枕木或型钢梁)；

(4)脚手架地基应有可靠的排水措施，防止积水浸泡地基；

(5)脚手架旁有开挖的沟槽时，应控制外立杆距沟槽边的距离：当架高在30m以内时，不小于1.5m；架高为30～50m时，不小于2.0m；架高在50m以上时，不小于2.5m。当不能满足上述距离时，应核算土坡承受脚手架的能力，不足时可加设挡土墙或其他可靠支护，避免槽壁坍塌危及脚手架安全；

(6)位于通道处的脚手架底部垫木(板)应低于其两侧地面，并在其上加设盖板；避免扰动。

2. 一般作法

(1)30m以下的脚手架、其内立杆大多处在基坑回填土之上。回填土必须严格分层夯实。垫木宜采用长2.0～2.5m、宽不小于200mm、厚50～60mm的木板，垂直于墙面放置(用长4.0m左右平行于墙放置亦可)，在脚手架外侧挖一浅排水沟排除雨水，如图1-8所示。

(2)架高超过30m的高层脚手架的基础做法为：

1)采用道木支垫；

2)在地基上加铺20cm厚道砟后铺混凝土预制块或硅酸盐砌块，在其上沿纵向铺放12～16号槽钢，将脚手架立杆坐于槽钢上。若脚手架地基为回填土，应按规定分层夯实，达到密实度要求；并自地面以下1m深改作三七灰土。

高层脚手架基底作法如图1-9所示。

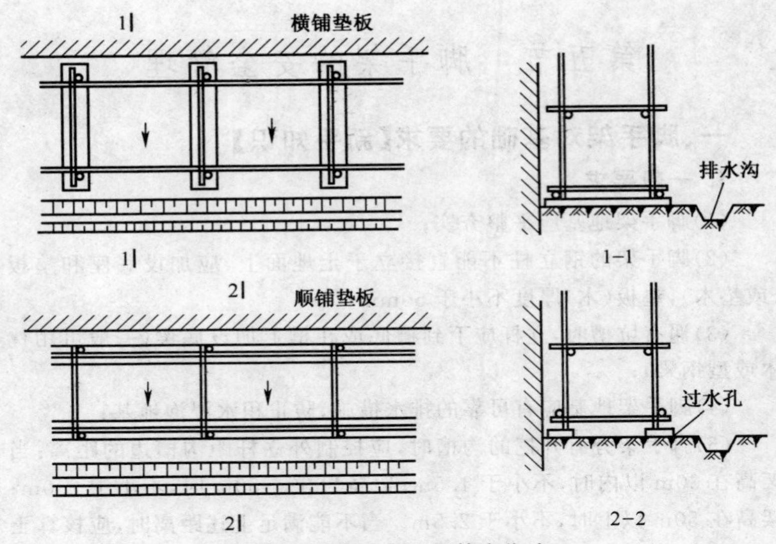

图 1-8 普通脚手架基底作法

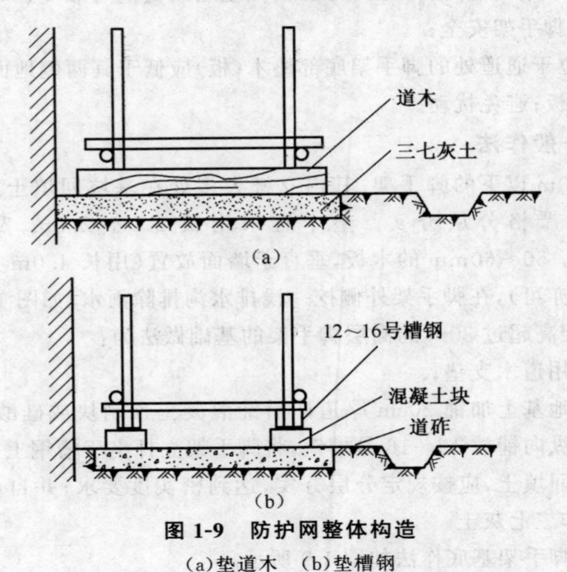

图 1-9 防护网整体构造

(a)垫道木 (b)垫槽钢

二、检查验收【新手知识】

脚手架构配件进场后应按规定进行质量和数量方面的检查和验收，并及时收集相关证明资料：产品质量合格证；法定检测单位的质量检验、测试报告；生产许可证等。

（1）脚手架搭设安装前，应先对基础等架体承重部位进行验收；

（2）搭设安装后应进行分段验收以及总体验收；

（3）遇有 6 级大风与大雨、停用超过一个月、由结构转向装饰施工阶段时，对脚手架应重新验收，并办好相关手续。

挑、挂、吊特殊脚手架须由企业技术部门会同安全施工管理部门验收合格后才能使用。验收要定量与定性相结合，验收合格后应在架体上悬挂合格牌、限载牌、操作规程牌，并应写明使用单位、监护管理单位和责任人。

脚手架通常应每月进行一次专项检查，内容包括杆件的设置和连续、地基、扣件、架体的垂直度、安全防护措施等是否符合相关规定要求。

三、安全管理【新手知识】

（1）从事架体搭设人员必须是经过按现行国家标准《特种作业人员安全技术考核管理规则》(GB 5036)考核合格的专业架子工，且取得政府有关监督管理部门核发的特殊工种操作证；当参与附着式升降脚手架安装、升降、拆卸操作时，还必须持建设行政管理部门核发的升降脚手架上岗操作证。

（2）上岗人员应定期体检，合格后方可持证上岗，凡患有不适合高处作业病症的不准参加高空作业。架子工作业时必须戴好安全帽、安全带，穿好防滑鞋。

（3）作业层上的施工荷载应符合设计要求，不得超载，不得将模板支架、缆风绳、泵送混凝土和砂浆的输送管等固定在脚手架上。

（4）脚手架不得与其他设施如井架和施工升降机运料平台、落地操作平台、防护棚等相连；严禁悬挂起重设备。

（5）在脚手架使用期间，严禁拆除主节点处的纵横向水平杆和扫地杆、连墙件。其他各种杆件及安全防护设施也不能随意拆除。如因施工确需拆除，应事先办理拆除申请手续。有关拆除加固方案应经工程技术负责人和原脚手架工程安全技术措施审批人书面同意后，方可实施。在脚手架上进行电、气焊作业时，必须有防火措施和专人监护。

(6)遇6级及以上大风、雨雪、大雾天气时应停止脚手架的搭设与拆除作业。

(7)严禁在脚手架基础及邻近处进行挖掘作业。

(8)脚手架应与架空输电线路保持安全距离，工地临时用电线路架设及脚手架接地防雷措施等应按现行行业标准《施工现场临时用电安全技术规范》(JGJ 46－2005)的有关规定执行。

(9)使用后的脚手架构配件应清除表面黏结的灰渣，校正杆件变形，表面做防锈处理后待用。

四、脚手架的拆除【新手知识】

脚手架拆除应在统一指挥下作业，拆除必须由上而下按先搭后拆的顺序逐层进行，严禁上下同时作业。地面应设围栏和警戒标志，严禁非操作人员入内，并派专人监护和做好监控记录。

拆除连墙件、剪刀撑等，必须在脚手架拆到相关部位方可拆除，严禁先将连墙件整层或数层拆除后再拆脚手架；分段拆除高差不应大于两步。工人必须站在固定牢靠的脚手板上进行拆除作业，并按规定使用安全防护用品。拆除时，各构配件严禁抛掷至地面。

第二章　各种脚手架的基本知识

第一节　落地扣件式脚手架基础

一、扣件式钢管脚手架的特点【新手知识】

(1)承载力大。当脚手架的几何尺寸和构造符合要求时，落地扣件式脚手架立杆承载力在15～20 kN(设计值)之间，满堂架立杆承载力可达30 kN(设计值)。

(2)装、拆方便，搭设灵活，使用广泛。由于钢管长度易于调整，扣件连接简便，因而可适应各种平面和立面的建筑物、构筑物施工需要。

(3)比较经济。与其他脚手架相比，杆件加工简单，一次投资费用较低，如果精心设计脚手架几何尺寸，注意提高钢管周转使用率，则材料用量可取得较好经济效果。

(4)脚手架中的扣件用量较大，如果管理不善，扣件易损坏、丢失，应对扣件式脚手架的构配件使用、存放和维护加强科学化管理。

二、扣件式钢管脚手架的适用范围【新手知识】

(1)工业与民用建筑施工用落地式单、双排脚手架，以及底撑式分段悬挑式脚手架。

(2)水平混凝土结构工程施工中的模板支承架。

(3)上料平台、满堂脚手架。

(4)高耸构筑物，如烟囱、水塔等施工用脚手架。

(5)栈桥、码头、高架路、桥等工程用脚手架。

(6)为了确保脚手架的安全可靠，《建筑施工扣件式钢管脚手架安全技术规范》(JGJ 130－2011)规定单排脚手架不适用于下列情况：

1)墙体厚度不大于180mm；

2)建筑物高度超过24m；

3)空斗砖墙、加气块墙等轻质墙体；

4)砌筑砂浆强度等级不大于 M1.0 的砖墙。

三、扣件式钢管脚手架的搭设高度【新手知识】

(1)单管立杆扣件式双排脚手架的搭设高度不宜超过 50m。根据对国内脚手架的使用调查,立杆采用单根钢管的落地扣件式脚手架一般均在 50m 以下,当需要搭设高度超过 50m 时,一般都比较慎重地采用了加强措施,如采用双管立杆、分段卸荷、分段悬挑等。从经济方面考虑,搭设高度超过 50m 时,钢管、扣件等的周转使用率降低,脚手架的地基基础处理费用也会增加,导致脚手架成本上升。

(2)分段悬挑式脚手架。分段悬挑式脚手架一般都支承在由建筑物挑出的悬臂梁或三脚架上,分段悬挑式脚手架每段高度不宜超过 25m。高层建筑施工分段搭设的悬挑式脚手架(如图 2-1 所示)必须有设计计算书,悬挑梁或悬挑架应为型钢或定型桁架,应绘有经设计计算的施工图,设计计算书要经上级审批,悬挑梁应按施工图搭设。安装时必须按设计要求进行。悬挑梁搭设和挑梁的间距是悬挑式脚手架的关键问题之一。当脚手架上荷载较大时,间距小,反之则大,设计图纸应明确规定。挑梁架设的结构部位,应能承受较大的水平力和垂直力作用。若根据施工需要只能设置在结构的薄弱部位时,应加固结构,采取可靠措施,将荷载传递给结构的坚固部位。

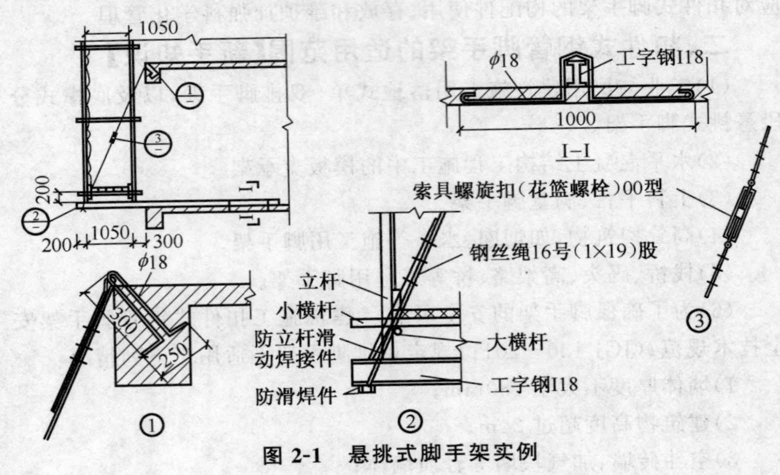

图 2-1 悬挑式脚手架实例

四、扣件式钢管脚手架的基本要求【新手知识】

扣件式脚手架是由立杆和纵横向水平杆用扣件连接组成的钢构架，为使扣件式脚手架在使用期间安全可靠，满足使用要求，故其组成应满足以下要求：

(1)必须设置纵、横向水平杆和立杆，三杆交汇处用直角扣件相互连接，并应尽量紧靠，此三杆紧靠的扣接点称为扣件式脚手架的主节点。

(2)扣件螺栓拧紧扭力矩应在 40～65N · m 之间，以保证脚手架的节点具有必要的刚性和承受荷载的能力。

(3)在脚手架和建筑物之间，必须按设计计算要求设置足够数量、分布均匀的连墙件，此连墙件应能起到约束脚手架在横向(垂直于建筑物墙面方向)产生变形的支承点，以防止脚手架横向失稳或倾覆，并可靠地传递风荷载。

(4)脚手架立杆基础必须坚实，并具有足够承载能力，以防止不均匀或过大的沉降。

(5)应设置纵向剪刀撑和横向斜撑，以使脚手架具有足够的纵向和横向整体刚度。

五、扣件式钢管脚手架的主要组成【新手知识】

扣件式钢管脚手架的主要组成构件及其作用见表 2-1。

表 2-1　扣件式脚手架的主要组成构件及作用

项次	名　称	作　用
1	立杆	平行于建筑物并垂直于地面的杆件，既是组成脚手架结构的主要杆件，又是传递脚手架结构自重、施工荷载与风荷载的主要受力杆件
2	纵向水平杆	平行于建筑物，在纵向连接各立杆的通长水平杆，既是组成脚手架结构的主要杆件，又是传递施工荷载给立杆的主要受力杆件
3	横向水平杆	垂直于建筑物，横向连接脚手架内，外排立杆或一端连接脚手架立杆，另一端支于建筑物的水平杆是组成脚手架结构的主要杆件，也是传递施工荷载给立杆的主要受力杆件
4	扣件	是组成脚手架结构的连接件

续表 2-1

项次	名称	作用
	直角扣件	连接两根直交钢管的扣件，是依靠扣件与钢管表面间的摩擦力传递施工荷载、风荷载的受力连接件
4	对接扣件	钢管对接接长用的扣件，也是传递荷载的受力连接件
	旋转扣件	连接两根任意角度相交的钢管扣件，用于连接支撑斜杆与立杆或横向水平杆的连接件
5	脚手杆	提供施工操作条件，承受、传递施工荷载给纵向、横向水平杆的板件；当设于非操作层时起安全防护作用
6	剪刀撑	设在脚手架外侧面、与墙面平行的十字交叉斜杆，可增强脚手架的横向刚度，提高脚手架的承载能力
7	横向斜撑	连接脚手架内、外排立杆的呈“之”字形的斜杆，可增强脚手架的横向刚度，提高脚手架的承载能力
8	连墙件	连接脚手架与建筑物的部件，是脚手架中既要承受、传递风荷载，又要防止脚手架在横向失稳或倾覆的重要受力部件
9	纵向扫地杆	连接立杆下端，距底座下皮 200mm 处的纵向水平杆，可约束立杆底端在纵向发生位移
10	横向扫地杆	连接立杆下端，位于纵向扫地杆下方的横向水平杆，可约束立杆底端在横向发生位移
11	底座	设在立杆下端，承受并传递立杆荷载给地基的配件

第二节 碗扣式钢管脚手架基础

一、碗扣式钢管脚手架的基本结构【新手知识】

碗扣式钢管脚手架上主要杆件仍然是 ϕ48mm 钢管，但是钢管的连接采用“碗扣”。碗扣由上下碗扣构成，下碗扣焊接在立管上，上碗扣套在立管上。水平杆两端焊有“插头”，该插头插入下碗扣，然后上碗扣利用立杆上焊的“锁销”旋紧而扣住横杆插头，如图 2-2 所示。

碗扣架与钢管架的区别是：

(1)脚手架全部需要加工。除横杆两端要焊插头外，立杆上还需焊接下碗扣及锁销。这样带来的结果是横杆与立杆的间距变成固定的，没有钢管架灵活性好同时也提高了成本。

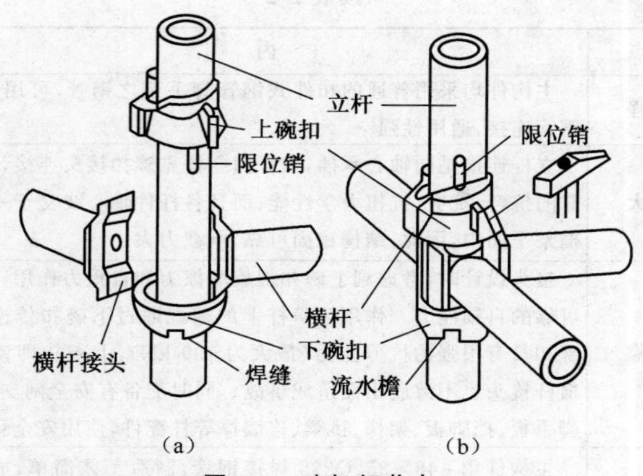

图 2-2　碗扣架节点

(a)连接前　(b)连接后

(2)从受力性能方面讲，由于采用了中心线连接，因而大大提高了承载能力。其次是承受横杆垂直力的下碗扣与立杆采用焊接，因而改善了“节点”的受力性能(扣件式脚手架主要依靠扣件握紧时的摩擦力——极限承载力，约 8 kN)，使其达到安全可靠的程度。

(3)从安装操作上讲，较钢管架方便，只需用小锤楔紧上碗扣即可。同时减少了扣件丢失，降低了应用的成本。

二、碗扣式钢管脚手架的性能特点【新手知识】

碗扣式钢管脚手架的性能特点见表 2-2。

表 2-2　碗扣式钢管脚手架的性能特点

性能特点	内　容
多功能	能根据具体施工要求，组成不同组架尺寸，形状和承载能力的单、双排脚手架、支撑架、支撑柱、物料提升架、爬升脚手架、悬挑架等多种功能的放陈装备，也可用于搭设施工棚、料棚、灯塔等构筑物。特别适合于搭设曲面脚手架和重载支撑架
高功效	该脚手架常用杆件中最长为 3130mm，重 17.07kg。整架拼拆速度比常规快 3～5 倍，拼拆快速省力，工人用一把铁锤即可完成全部作业，避免了螺栓操作带来的诸多不便

续表 2-2

性能特点	内 容
通用性强	主构件均采用普通的扣件式钢管脚手架之钢管，可用扣件同普通钢管连接，通用性强
承载力大	立杆连接是同轴心承插，横杆同立杆靠碗扣接头连接，接头具有可靠的抗弯、抗剪、抗扭力学性能，而且各杆件轴心线交于一点，节点在框架平面内，因此，结构稳固可靠、承载力大
安全可靠	接头设计时，考虑到上碗扣螺旋摩擦力和自重力作用，使接头具有可靠的自锁能力。作用于横杆上的荷载通过下碗扣传递给立杆，下碗扣具有很强的抗剪能力（最大为 199 kN），上碗扣即使没被压紧，横杆接头也不致脱出而造成事故。同时配备有安全网支架、间横杆、脚手板、挡脚板、架梯、挑梁、连墙撑等杆配件，使用安全可靠
易于加工	主构件用 $\phi 48 \times 35$、Q235 焊接钢管，制造工艺简单，成本适中，可直接对现有扣件式脚手架进行加工改造，不需要复杂的加工设备
不易丢失	该脚手架无零散易丢失扣件，把构件丢失减少到最低程度
维修少	该脚手架构件消除了螺栓连接，构件经碰耐磕，一般锈蚀不影响拼拆作业，不需特殊养护、维修
便于管理	构件系列标准化，构件外表涂以橘黄色，美观大方，构件堆放整齐，便于现场材料管理，满足文明施工要求
易于运输	该脚手架最长构件 3130mm，最重构件 40.53kg，便于搬运和运输

三、碗扣式钢管脚手架的构(配)件规格【高手知识】

碗扣式钢管脚手架的原设计构（配）件，共计有 23 类，53 种规格。按用途可分为主构件、辅助构件和专用构件 3 类，见表 2-3。

表 2-3 碗扣式钢管脚手架构(配)件规格及用途

类别	名 称	型号	规格/mm	单重/kg	用 途
主构件	立杆	LG-180	$\phi 48 \times 3.5 \times 1300$	10.53	框架垂直承力杆
		LG-300	$\phi 48 \times 3.5 \times 3000$		
	顶杆	DG-90	$\phi 48 \times 3.5 \times 900$	5.30	支撑架（柱）顶端垂直承力杆
		DG-150	$\phi 48 \times 3.5 \times 1500$	8.62	
		DG-210	$\phi 48 \times 3.5 \times 2100$	11.93	

续表 2-3

类别	名称		型号	规格/mm	单重/kg	用途
主构件	横杆		HG-30	ϕ48×3.5×300	1.67	立杆横向连接杆；框架水平承力杆
			HG-60	ϕ48×3.5×600	2.82	
			HG-90	ϕ48×3.5×900	3.97	
			HG-120	ϕ48×3.5×1200	5.12	
			HG-150	ϕ48×3.5×1500	6.82	
			HG-180	ϕ48×3.5×1800	7.43	
			HG-240	ϕ48×3.5×2400	9.73	
	单排横杆		DHG-140	ϕ48×3.5×1400	7.51	单排脚手架横向水平杆
			DHG-180	ϕ48×3.5×1800	9.05	
	斜杆		XG-170	ϕ48×2.2×1697	5.47	1.2m×1.2m 框架斜撑
			XG-216	ϕ48×2.2×2160	6.63	1.2m×1.8m 框架斜撑
			XG-234	ϕ48×2.2×2343	7.07	1.5m×1.8m 框架斜撑
			XG-255	ϕ48×2.2×2546	7.58	1.8m×1.8m 框架斜撑
			XG-300	ϕ48×2.2×3000	8.72	1.8m×2.4m 框架斜撑
	立杆底座	立杆底座	LDI	150×150×180	1.70	立杆底部垫板
		立杆可调座	KTZ-30	0-300	6.16	立杆底部可调节高度支座
			XTZ-60	0-600	7.86	
		粗细调座	CXZ-60	0-600	6.10	立杆底部有粗细调座可调高度支座
	单排横杆		DHG-140	ϕ48×3.5×1400	7.51	单排脚手架横向水平杆
			DHG-180	ϕ48×3.5×1800	9.05	
	斜杆		XG-170	ϕ48×2.2×1697	5.47	1.2m×1.2m 框架斜撑
			XG-216	ϕ48×2.2×2160	6.63	1.2m×1.8m 框架斜撑
			XG-234	ϕ48×2.2×2343	7.07	1.5m×1.8m 框架斜撑
			XG-255	ϕ48×2.2×2546	7.58	1.8m×1.8m 框架斜撑
			XG-300	ϕ48×2.2×3000	8.52	1.8m×2.4m 框架斜撑

续表 2-3

类别		名称		型号	规格/mm	单重/kg	用途
主构件	立杆底座	立杆底座		LDI	150×150×180	1.70	立杆底部垫板
主构件	立杆底座	立杆可调座		KTZ-30	0-300	6.16	立杆底部可调节高度支座
主构件	立杆底座	立杆可调座		XTZ-60	0-600	7.86	立杆底部可调节高度支座
主构件	立杆底座	粗细调座		CXZ-60	0-600	6.10	立杆底部有粗细调座可调高度支座
辅助构件	用于连接的构件	挡板		DB-120	1200×220	7.18	施工作业层防护板
辅助构件	用于连接的构件	挡板		DB-150	1600×220	8.93	施工作业层防护板
辅助构件	用于连接的构件	挡板		DB-180	1800×220	10.68	施工作业层防护板
辅助构件	用于连接的构件	横梁	窄挑梁	TL-30	ϕ48×3.5×300	1.68	用于扩大作业面的挑梁
辅助构件	用于连接的构件	横梁	宽挑梁	TL-60	ϕ48×3.5×600	9.30	用于扩大作业面的挑梁
辅助构件	用于连接的构件	架梯		JT-255	2546×540	26.32	人员上、下梯子
辅助构件	用于连接的构件	立杆连接钢		LLX	ϕ10	0.104	立杆之间连接锁定用
辅助构件	用于连接的构件	直角撑		ZJC	125	1.62	两相交叉的脚手架之间的连接件
辅助构件	用于连接的构件	连接撑	转扣式	WLC	415-625	2.04	脚手架同建筑物之间连接件
辅助构件	用于连接的构件	连接撑	扣件式	RLC	415-625	2.00	脚手架同建筑物之间连接件
辅助构件	其他用途辅助构件	高层卸荷拉结杆		GLC			高层脚手架卸荷用杆件
辅助构件	其他用途辅助构件	立杆托撑	立杆托撑	LTC	200×150×5	2.39	支撑架顶部托梁座
辅助构件	其他用途辅助构件	立杆托撑	立杆可调托撑	KTC-60	0-600	8.49	支撑架顶部可调托梁座
辅助构件	其他用途辅助构件	横托撑	横托撑	HTC	400	3.13	支撑架横向支托撑
辅助构件	其他用途辅助构件	横托撑	可调横托撑	KHC-20	400～700	6.23	支撑梁横向可调支托撑
辅助构件	其他用途辅助构件	安全网支架		AWJ		18.69	悬挂安全网支承架

续表 2-3

类别	名称		型号	规格/mm	单重/kg	用途
专用构件	专用构件支撑柱	支撑柱垫座	ZDZ	300×300	19.12	支撑柱底部垫座
		支撑柱转角座	ZZZ	0°～10°	21.54	支撑柱斜向支承垫座
		支撑柱可调座	ZKZ-30	0～300	40.53	支撑柱可调高度支座
	提升滑轮		TIIL		1.55	插入宽挑梁提升小件物料
	悬挑梁		TYL40	ϕ48×3.5×1400	19.25	用于搭设悬挂脚手架
	爬升挑梁		PTL-90+65	ϕ48×3.5×1500	8.7	用于搭设爬升脚手架

四、碗扣式钢管脚手架的构(配)件【高手知识】

碗扣式钢管脚手架的构(配)件简图见表 2-4。

表 2-4　碗扣式钢管脚手架的构(配)件简图及型号

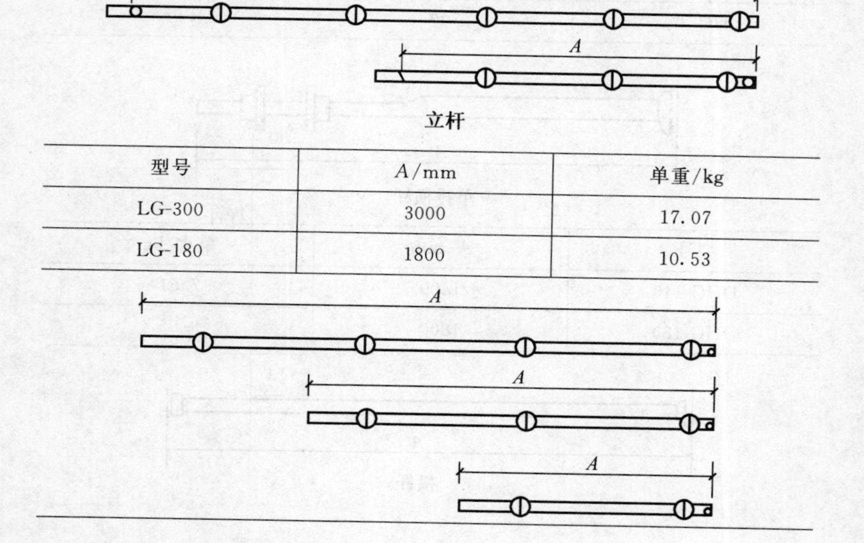

立杆

型号	A/mm	单重/kg
LG-300	3000	17.07
LG-180	1800	10.53

续表 2-4

型号	A/mm	单重/kg
DG-210	2100	11.93
DG-150	1500	8.62
DG-90	900	5.30

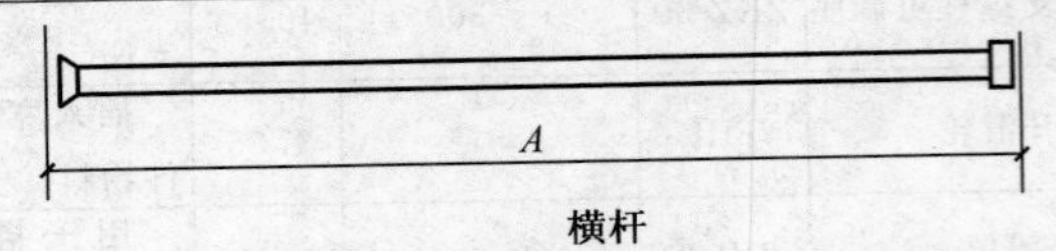

横杆

型号	A/mm	单重/kg
HG-240	2400	9.73
HG-180	1800	7.43
HG-150	1500	6.28
HG-120	1200	5.12
HG-90	900	3.97
HG-60	600	2.82
HG-30	300	1.67

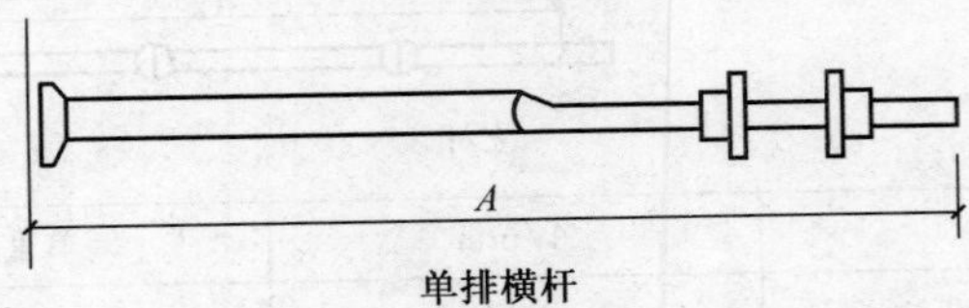

单排横杆

型号	A/mm	单重/kg
DHG-140	1400	7.51
DHG-180	1800	9.05

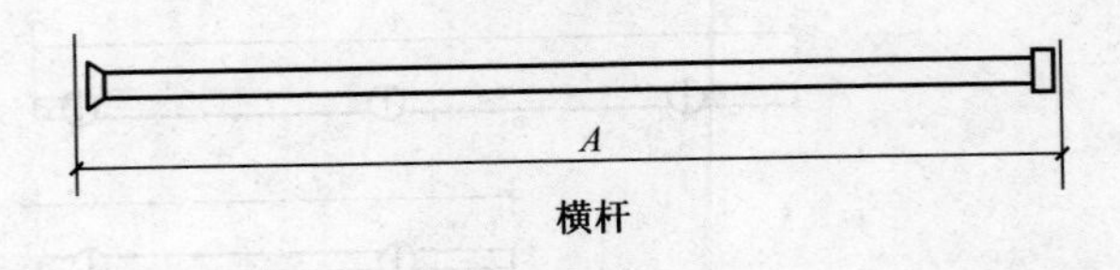

横杆

续表 2-4

型号	A/mm	单重/kg
XG-300	3000	8.70
XG-255	2546	7.58
XG-234	2343	
XG-216	2163	6.63
XG-170	1697	5.47

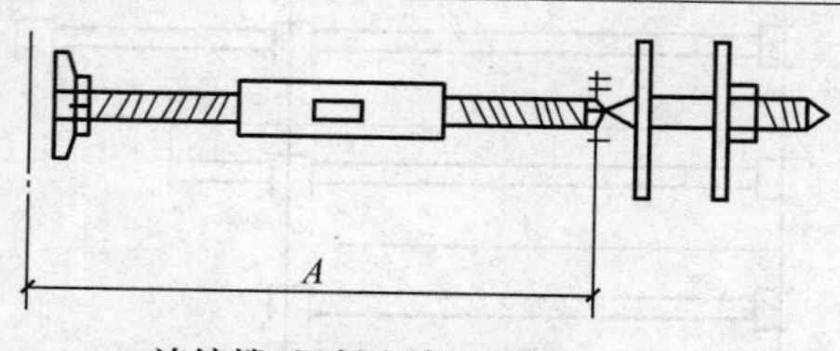

连墙撑（混凝土墙固定用）

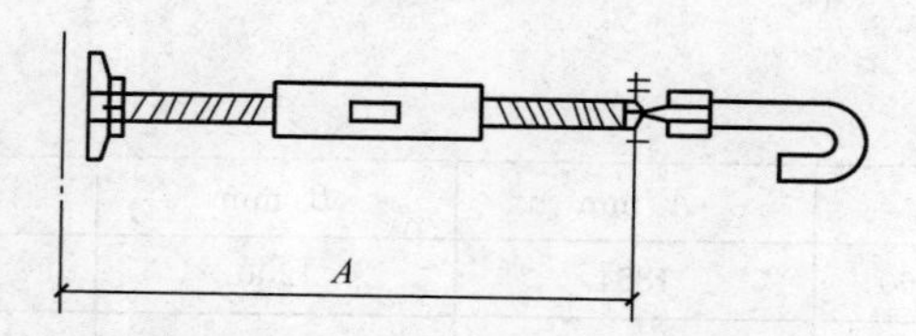

连墙撑（混凝土墙固定用）

型号	A/mm	单重/kg
LC(砖墙用)	415～625	4.4
LC(混凝土墙用)	415～625	2.4

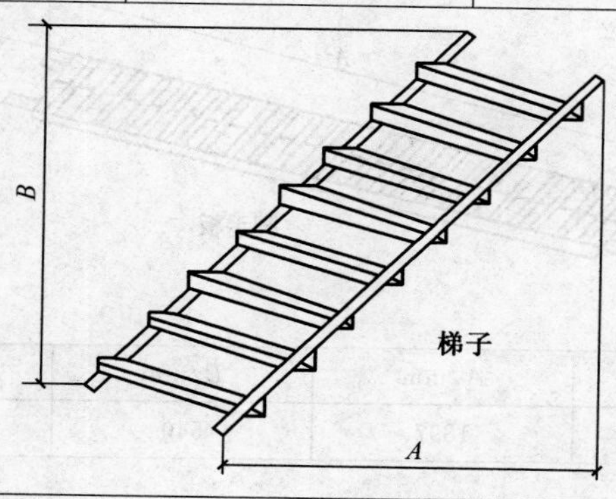

梯子

续表 2-4

型号	A/mm	B/mm	单重/kg
JT-255	1800	1800	26.32

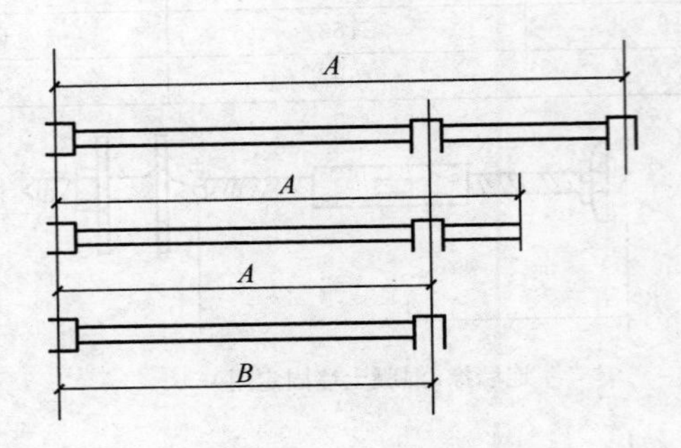

型号	A/mm	B/mm	单重/kg
JHG-120＋60	1854	1200	9.69
JGH-120＋30	1527	1200	7.74
JGH-120	1200	—	6.43

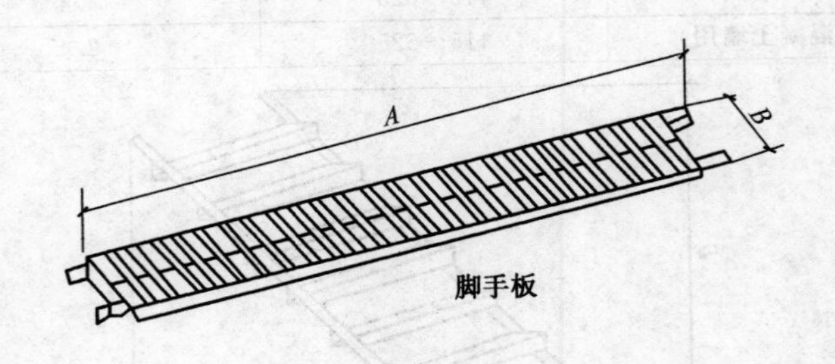

脚手板

型号	A/mm	B/mm	单重/kg
XH-190	1897	540	28.42

续表 2-4

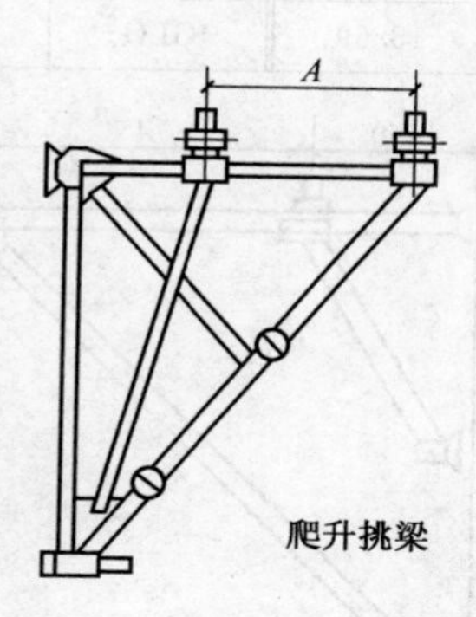

爬升挑梁

型号	A/mm	B/mm	单重/kg
JB-240	2400	—	17.03
JB-180	1800	—	13.24
JB-150	1500	—	
JB-120	200		9.05

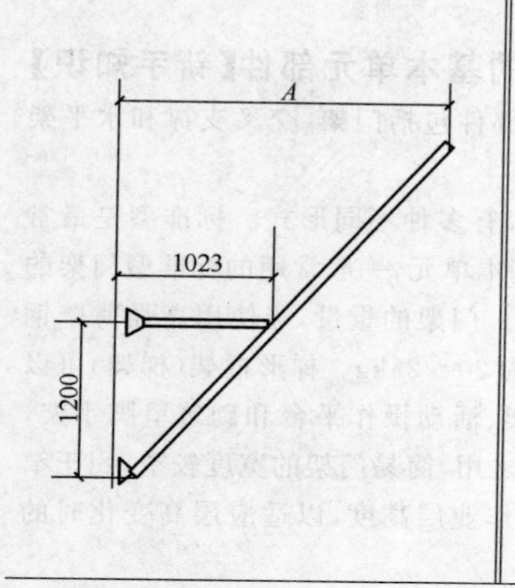

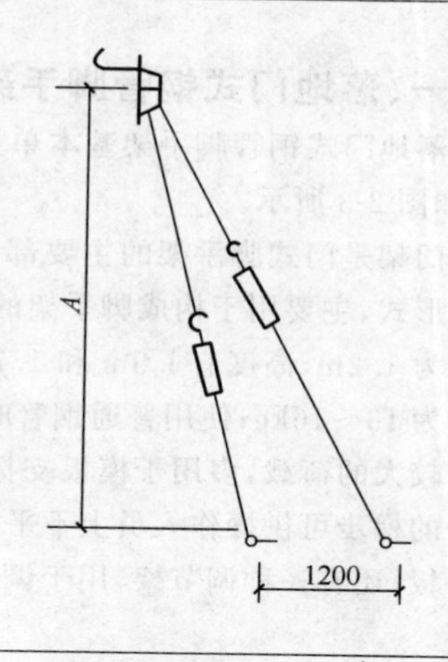

续表 2-4

型号	A/mm	单重/kg	型号	A/mm	单重/kg
AWJ	2300	18.69	GLG	2100	2127

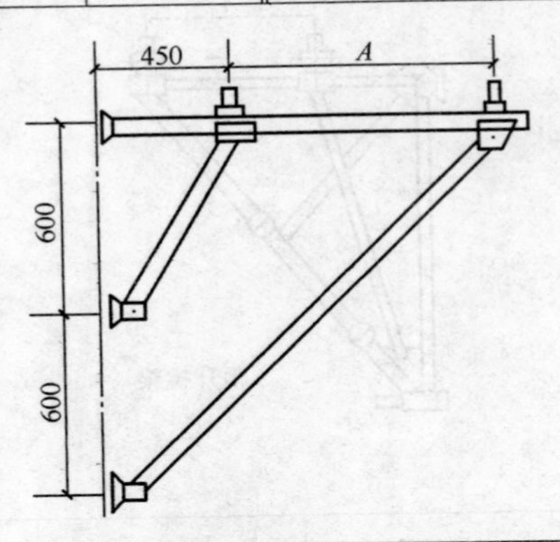

型号	A/mm	单重/kg
TYJ-150	900	19.25

第三节　落地门式钢管脚手架基础

一、落地门式钢管脚手架的基本单元部件【新手知识】

落地门式钢管脚手架基本单元部件包括门架、交叉支撑和水平架等，如图 2-3 所示。

门架是门式脚手架的主要部件，有多种不同形式。标准型是最常用的形式，主要用于构成脚手架的基本单元，一般常用的标准型门架的宽度为 1.2m，高度有 1.9m 和 1.7m。门架的重量，当使用高强薄壁钢管时为 13～16kg；使用普通钢管时为 20～25kg。梯形框架（梯架）可以承受较大的荷载，多用于模板支撑架、活动操作平台和砌筑里脚手架，架子的梯步可供操作人员上下平台之用，简易门架的宽度较窄，用于窄脚手板；还有一种调节架，用于调节作业层高度，以适应层高变化时的需要。

门架之间的连接，在垂直方向使用连接棒和锁臂，在脚手架纵向使用交叉支撑，在架顶水平面使用水平架或脚手板。交叉支撑和水平架的规格根据门架的间距来选择，一般多采用1.8m。

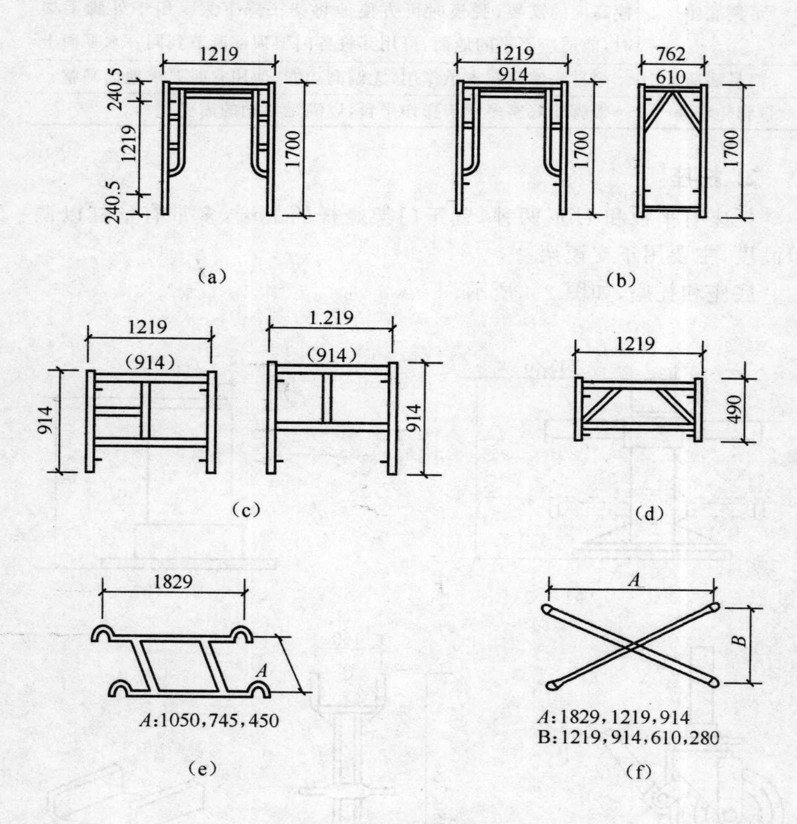

图 2-3　基本单位部件

(a)标准门架　(b)简易门架　(c)轻型梯形门架

(d)接高门架　(e)水平架　(f)交叉支撑

二、落地门式钢管脚手架的底座和托座【高手知识】

1. 底座

落地门式钢管脚手架的底座有3种，其特点及用途见表2-5。

表 2-5 落地门式钢管脚手架的底座

形式	特点及用途
可调底座	可调底座可调高 200～550mm，主要用于支模架以适应不同支模高度的需要，脱模时可方便地将架子降下来。用于外脚手架时，能适应不平的地面，可用其将各门架顶部调节到同一水平面上
简易底座	简易底座只起支承作用，无调高功能，使用它时要求地面平整
带脚轮底座	带脚轮底座多用于操作平台，以满足移动的需要

2. 托座

托座有平板和 U 形两种，置于门架竖杆的上端，多带有丝杠以调节高度，主要用于支模架。

底座和托座，如图 2-4 所示。

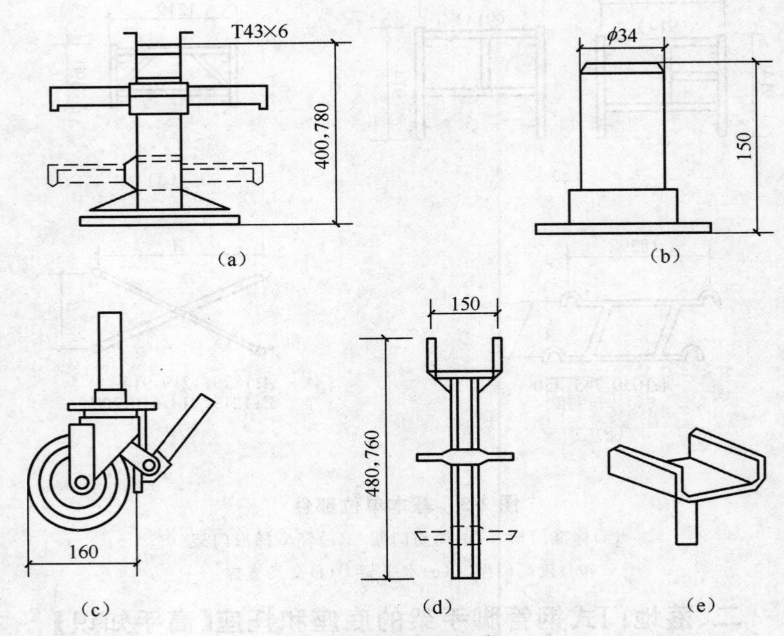

图 2-4 底座和托座

(a)可调底座 (b)简易底座 (c)带脚轮底座 (d)可调 U 形顶托 (e)简易 U 形托

三、落地门式钢管脚手架的其他部件【高手知识】

落地门式钢管脚手架的其他部件及其特点见表 2-6。

表 2-6　落地门式钢管脚手架的其他部件及其特点

其他部件	特　点
脚手板	脚手板一般为钢脚手板，其两端带有挂扣，搁置在门架的横梁上并扣紧。在这种脚手架中，脚手板还是加强脚手架承平刚度的主要构件，脚手架应每隔 3～5 层设置一层脚手板
梯子	梯子为设有踏步的斜梯，分别扣挂在上下两层门架的横梁上
扣墙器杆	扣墙器和扣墙管都是确保脚手架整体稳定的拉结件 (1)扣墙器为花篮螺栓构造，一端带有扣件与门架竖管扣紧，另一端有螺杆锚入墙中，旋紧花篮螺栓，即可把扣墙器拉紧 (2)扣墙管为管式构造，一端的扣环与门架拉紧，另一端为埋墙螺栓或夹墙螺栓，锚入或夹紧墙壁
托架	托架分定长臂和伸缩臂两种形式，可伸出宽度 0～1.0m，以适应脚手架距墙面较远时的需要
桁架	小桁架(栈桥梁)用来构成通道
连接扣件	连接扣件分三种类型：回转扣、直角扣和筒扣，每一种类型又有不同规格，以适应相同管径或不同管径杆件之间的连接，见表 2-7

表 2-7　扣件规格

类型		回转扣			直角扣			筒扣	
规格		ZK-4343	ZK-4843	ZK-4848	JK-4343	JK-4843	JK-4848	TK-4343	TK-4848
扣径/mm	D_1	43	48	48	43	48	48	43	48
	D_2	43	43	48	43	43	48	43	48

脚手板、梯子、扣墙器杆、连接棒、锁臂和脚手板架等，如图 2-5 所示。

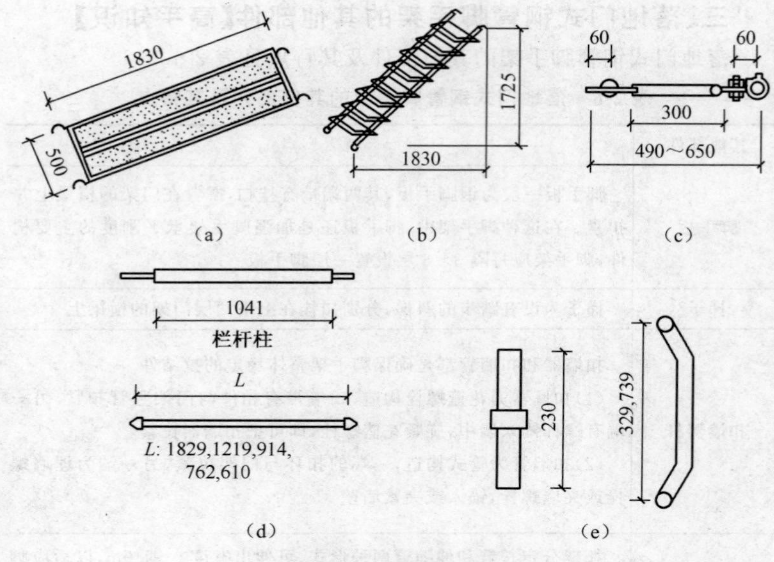

图 2-5　其他部件

(a)钢脚手板　(b)梯子　(c)扣墙管

(d)栏杆和栏杆柱　(e)连接棒和锁臂

第四节　悬挑式脚手架基础

一、悬挑式脚手架的应用【新手知识】

悬挑式脚手架的应用体现在以下几方面：

(1)±0.000 以下结构工程回填土不能及时回填，而主体结构工程必须立即进行，否则将影响工期。

(2)高层建筑主体结构四周为裙房，脚手架不能直接支承在地面上。

(3)超高层建筑施工，脚手架搭设高度超过了架子的容许搭设高度，因此将整个脚手架按容许搭设高度分成若干段，每段脚手架支承在由建筑结构向外悬挑的结构上。

二、悬挑式脚手架的分类【新手知识】

1. 支撑杆式悬挑脚手架

支撑杆式悬挑脚手架的支承结构不采用悬挑梁(架),直接用脚手架杆件搭设。

支撑杆式悬挑脚手架分为支撑杆式双排脚手架和支撑杆式单排脚手架,见表 2-8。

表 2-8　支撑杆式悬挑脚手架分类

分类	特　点
支撑杆式双排脚手架	如图 2-6a 所示为支撑杆式悬挑脚手架,其支承结构为内、外两排立杆上加设斜撑杆,斜撑杆一般采用双钢管,而水平横杆加长后一端与预埋在建筑物结构中的铁环焊牢,这样脚手架的荷载通过斜杆和水平横杆传递到建筑物上 如图 2-6b 所示悬挑脚手架的支承结构是采用下撑上拉方法,在脚手架的内、外两排立杆上分别加设斜撑杆。斜撑杆的下端支在建筑结构的梁或楼板上,并且内排立杆的斜撑杆的支点比外排立杆斜撑杆的支点高一层楼。斜撑杆上端用双扣件与脚手架的立杆连接 此外,除了斜撑杆,还设置了拉杆,以增强脚手架的承载能力 支撑杆式悬挑脚手架搭设高度一般在 4 层楼高 12m 左右
支撑杆式 单排悬挑脚手架	如图 2-7a 所示为支撑杆式单排悬挑脚手架,其支承结构为从窗口挑出横杆,斜撑杆支撑在下一层的窗台上。如无窗台,则可先在墙上留洞或预埋支托铁件,以支承斜撑杆 如图 2-7b 所示为支撑杆式悬挑脚手架,其支承结构是从同一窗口挑出横杆和伸出斜撑杆,斜撑杆的一端支撑在楼面上

2. 挑梁式悬挑脚手架

挑梁式悬挑脚手架采用固定在建筑物结构上的悬挑梁(架),并以此为支座搭设脚手架,一般为双排脚手架。此种类型脚手架搭设高度一般控制在 6 个楼层(20m)以内,可同时进行 2～3 层作业,是目前较常用的脚手架形式。其支撑结构有下撑挑梁式、桁架挑梁式和斜拉挑梁式 3 种,见表 2-9。

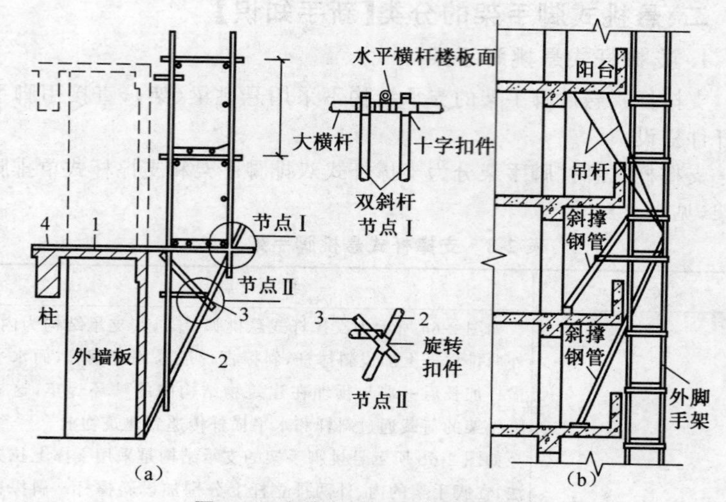

图 2-6　支撑杆式双排悬挑脚手架

(a)支撑杆式悬挑脚手架　(b)悬挑脚手架

1. 水平横杆　2. 双斜撑杆　3. 加强短杆　4. 预埋铁环

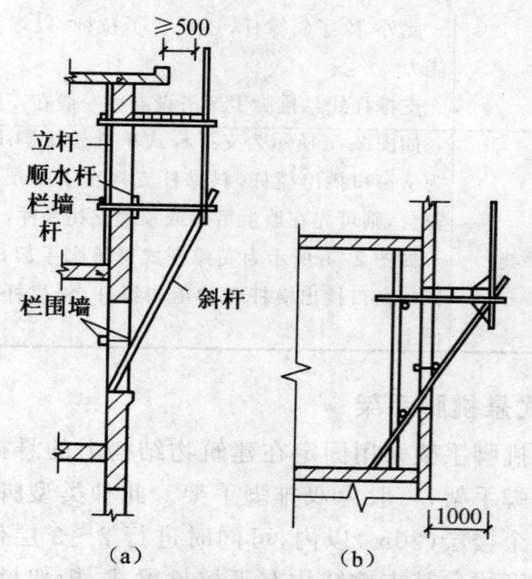

图 2-7　支撑杆式单排悬挑脚手架

(a)支撑杆式单排悬挑脚手架　(b)支撑杆式悬挑脚手架

表 2-9　挑梁式悬挑脚手架分类

分类	特点
下撑挑梁式	在主体结构上预埋型钢挑梁，并在挑梁的外端加焊斜撑压杆组成挑架。各根挑梁之间的间距不大于 6m，并用两根型钢纵梁相连。然后在纵梁上搭设扣件式钢管脚手架。如图 2-8 所示
桁架挑梁式	与下撑挑梁式基本相同。用型钢制作的桁架代替了挑架，如图 2-9 所示，这种支撑形式最载能力较强，下挑梁的间距可达 9m
斜拉挑梁式	如图 2-10 所示为挑梁式悬挑脚手架，以型钢作挑梁，其端头用钢丝绳（或钢筋）作拉杆斜拉

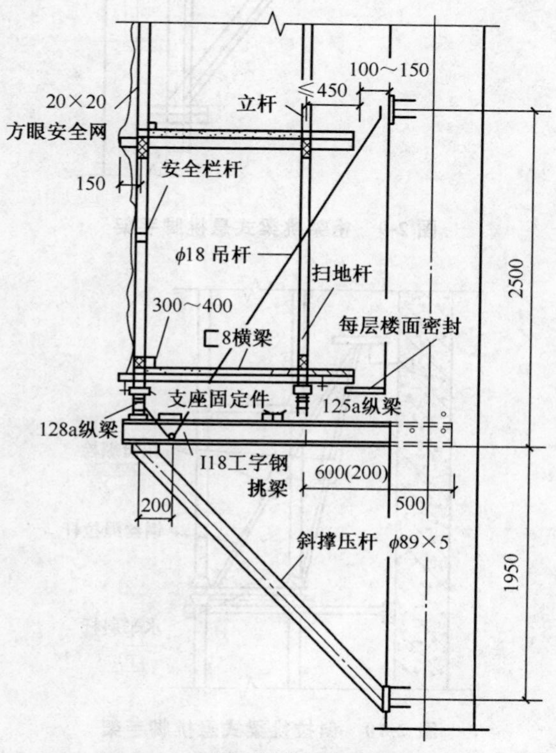

图 2-8　下撑挑梁式悬挑脚手架

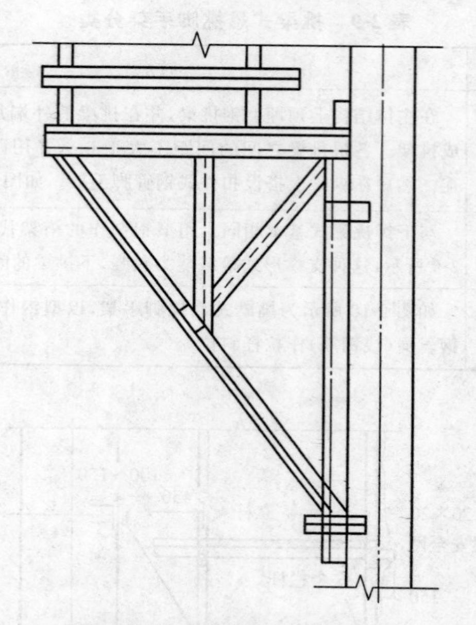

图 2-9 桁架挑梁式悬挑脚手架

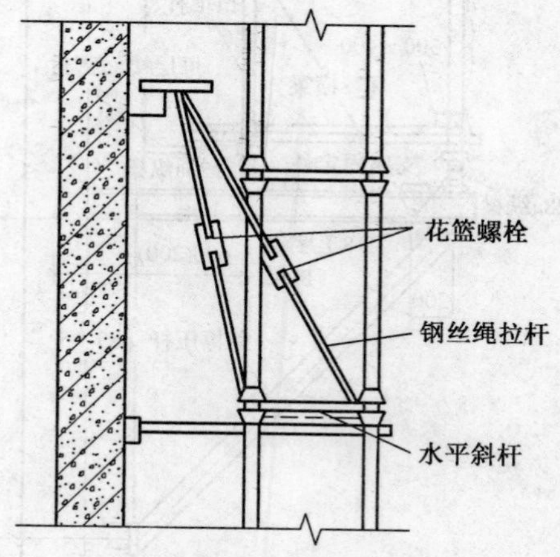

图 2-10 斜拉挑梁式悬挑脚手架

第五节　吊篮式脚手架基础

一、吊篮式脚手架的特点【新手知识】

吊篮式脚手架是通过在建筑物上特设的支承点固定挑梁或挑架，利用吊索悬挂吊架或吊篮进行砌筑或装饰工程施工的一种脚手架，是高层建筑外装修和维修作业的常用脚手架。

吊篮式脚手架分手动吊篮式脚手架和电动吊篮式脚手架两类。

吊篮式脚手架特点是节约材料，节省劳力，缩短工期，操作方便灵活，技术经济效益较好。

二、手动吊篮式脚手架【高手知识】

手动吊篮式脚手架由支承设施、吊篮绳、安全绳、手扳葫芦和吊架（或吊篮）组成，如图 2-11 所示，利用手扳葫芦进行升降。

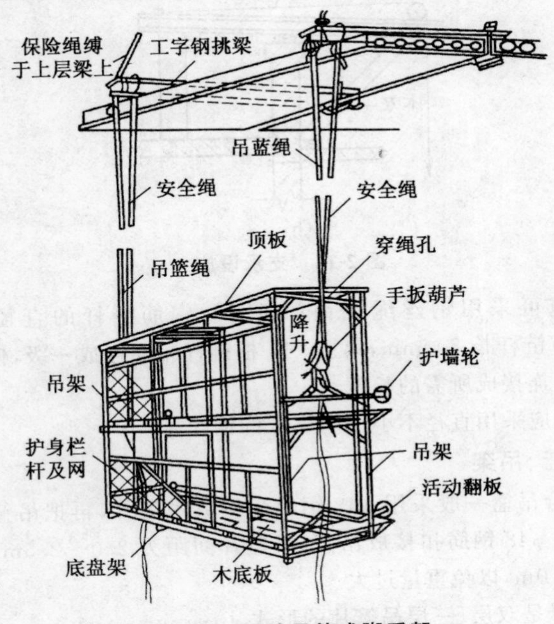

图 2-11　手动吊篮式脚手架

1. 支承设施

一般采用建筑物顶部的悬挑梁或桁架，必须按设计规定与建筑结构固定牢靠，挑出的长度应保证吊篮绳垂直地面，如图 2-12a 所示，如挑出过长，应在其下面加斜撑，如图 2-12b 所示。

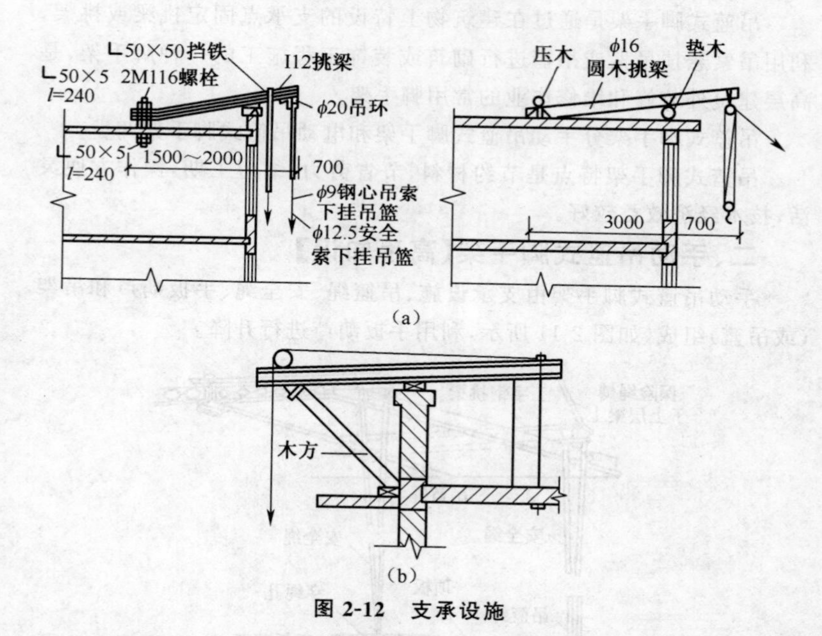

图 2-12 支承设施

吊篮绳可采用钢丝绳或钢筋链杆。钢筋链杆的直径不小于16mm，每节链杆长 800mm，第 5～10 根链杆相互连成一级，使用时用卡环将各组连接成所需的长度。

安全绳应采用直径不小于 13mm 的钢丝绳。

2. 吊篮、吊架

(1)组合吊篮一般采用 ϕ48 钢管焊接成吊篮片，再把吊篮片如图 2-13 所示用 ϕ48 钢筋扣接成吊篮，吊篮片间距为 2.0～2.5m，吊篮长不宜超过 8.0m，以免重量过大。

图 2-14 是双层、三层吊篮片的形式。

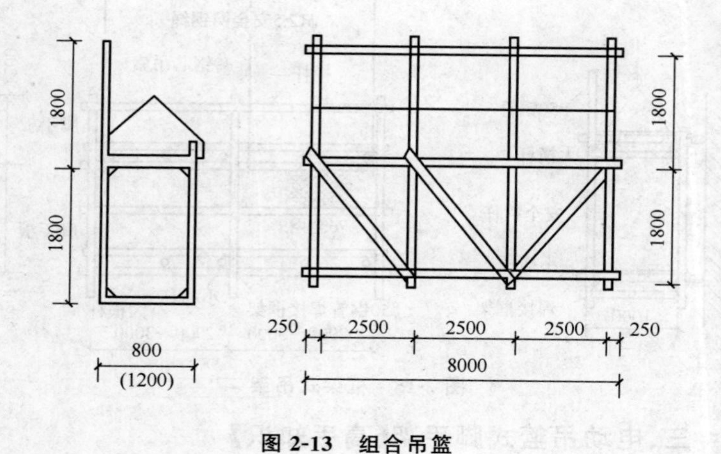

图 2-13　组合吊篮

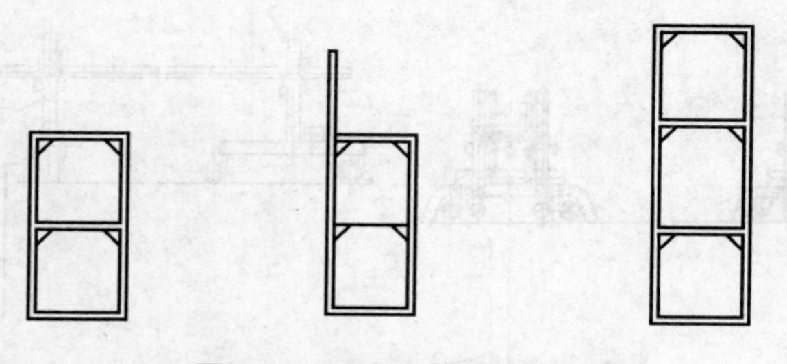

图 2-14　组合吊篮的吊篮片

(2)框架式吊架如图 2-15 所示，用 $\phi50\times3.5$ 钢管焊接制成，主要用于外装修工程。

(3)桁架式工作平台。

桁架式工作平台一般由钢管或钢筋制成桁架结构，并在上面铺上脚手板，常用长度有 3.6m、4.5m、6.0m 等几种，宽度一般为 1.0～1.4m。这类工作台主要用于工业厂房或框架结构的围墙施工。

吊篮里侧两端应装置可伸缩的护墙轮，使吊篮在工作时能与结构面靠紧，以减少吊篮的晃动。

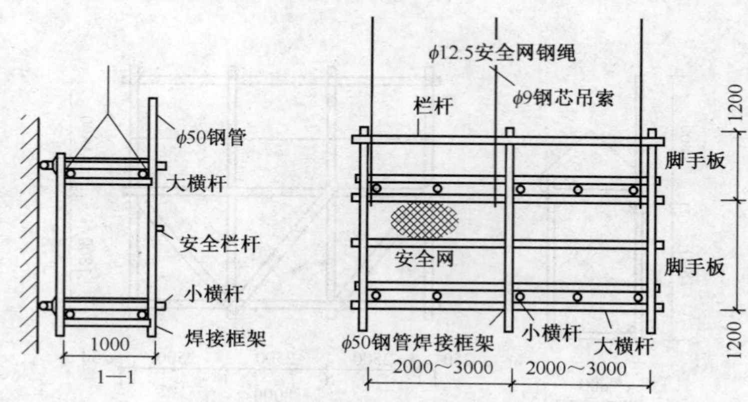

图 2-15　框架式吊架

三、电动吊篮式脚手架【高手知识】

电动吊篮式脚手架由屋面支承系统、绳轮系统、提升机构、安全锁和吊篮(或吊架)组成,如图 2-16、表 2-10 所示。

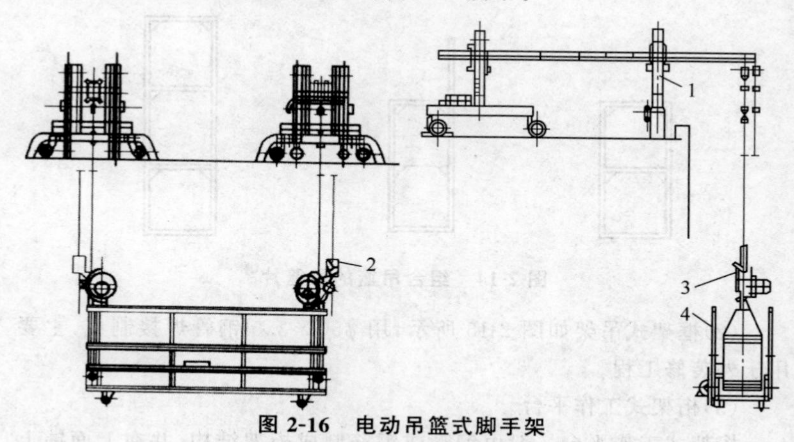

图 2-16　电动吊篮式脚手架

1. 屋面支撑系统　2. 绳轮系统　3. 提升机构　4. 吊篮

表 2-10　电动吊篮脚手架组成

项目	特　点
屋面支撑系统	屋面支撑系统由挑梁、支架、脚轮、配重以及配重架等组成,有 4 种形式

续表 2-10

项目	特　点
屋面支撑系统	(1)简单固定挑梁式支承系统，如图 2-17 所示 (2)移动挑梁式支承系统，如图 2-18 所示 (3)高女儿墙移动挑梁式支承系统，如图 2-19 所示 (4)大悬臂移动桁架式支承系统，如图 2-20 所示
吊篮	吊篮由底篮栏杆、挂架和附件等组成。宽度标准为 2.0m、2.5m、3.0m 三种
安全锁	保护吊篮中操作人员不致因吊篮意外坠落而受到伤害

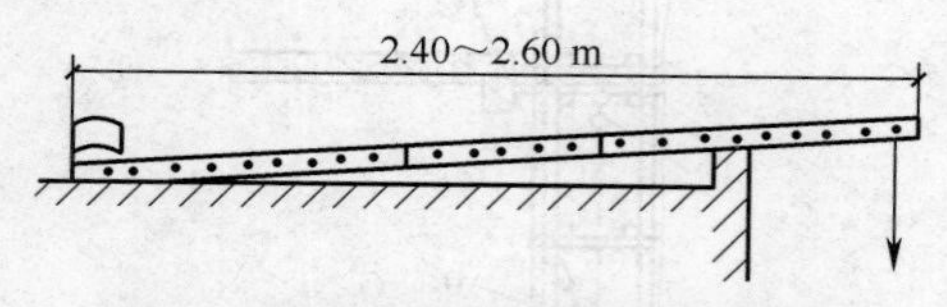

图 2-17　简单固定挑梁式支承系统

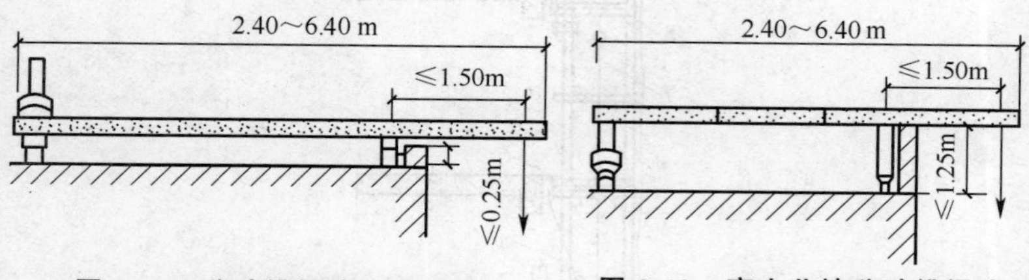

图 2-18　移动挑梁式支承系统

图 2-19　高女儿墙移动挑梁式支承系统

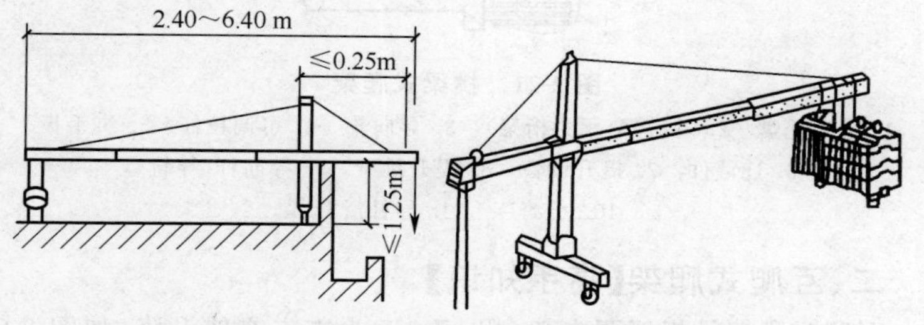

图 2-20　大悬臂移动桁架式支承系统

第六节 爬架基础

一、挑梁式爬架【高手知识】

挑梁式爬架以固定在结构上的挑梁为支点提升支架，如图 2-21 所示。

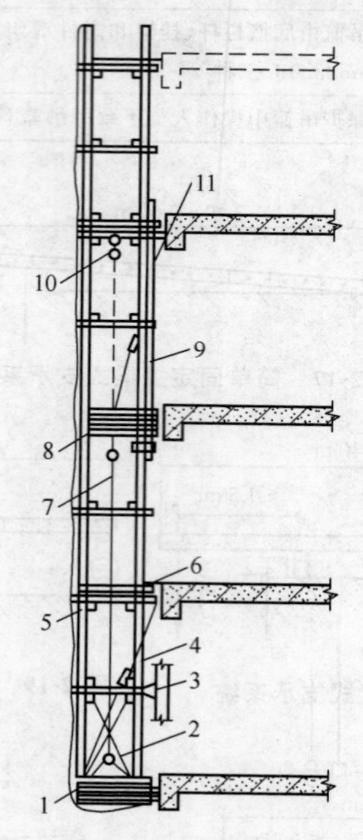

图 2-21 挑梁式爬架

1. 承力托盘 2. 基础架(承力桁架) 3. 导向轮 4. 可调拉杆 5. 脚手板 6. 连墙件 7. 提升设备 8. 提升挑梁 9. 导向杆(导轨) 10. 小葫芦 11. 导杆滑套

二、互爬式爬架【高手知识】

互爬式爬架是相邻两支架(甲、乙)互为支点交错升降，如图 2-22

所示。

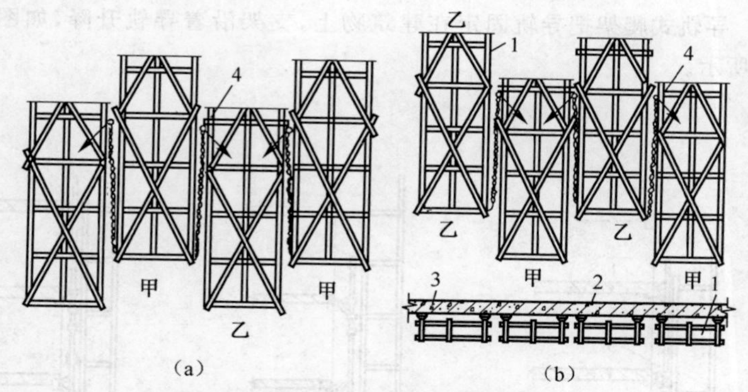

图 2-22　互爬式爬架

1. 提升单元　2. 提升横梁　3. 连墙支座　4. 子拉葫芦

三、套管式爬架【高手知识】

套管式爬架通过固定框和活动框的交替升降带动支架升降，如图 2-23 所示。

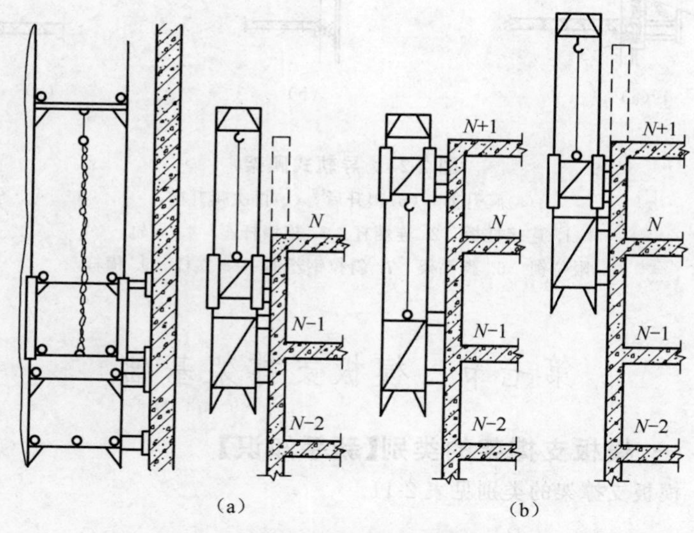

图 2-23　套管式爬架

四、导轨式爬架【高手知识】

导轨式爬架把导轨固定在建筑物上，支架沿着导轨升降，如图 2-24 所示。

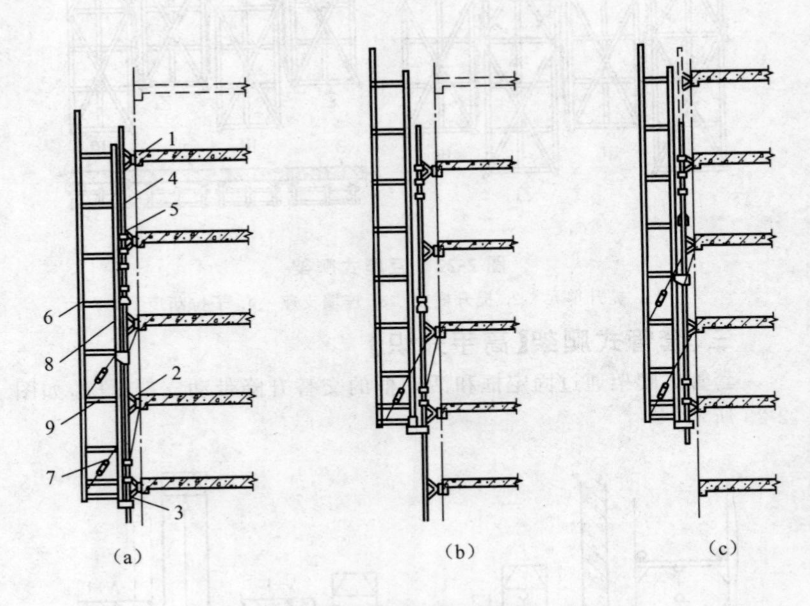

图 2-24　导轨式爬架

(a)爬升前　(b)爬升后　(c)再次爬升前

1. 连接挂板　2. 连墙杆　3. 连墙杆座　4. 导轨
5. 限位锁　6. 脚手架　7. 斜拉钢丝绳　8. 立杆　9. 横杆

第七节　模板支撑架基础

一、模板支撑架的类别【新手知识】

模板支撑架的类别见表 2-11。

表 2-11　模板支撑架的类别

分类要素	内　容
按构造类型划分	(1)支柱式支撑架(支柱承载的构架) (2)片(排架)式支撑架(由一排有水平拉杆联结的支柱形成的构架) (3)双排支撑架(两排立杆形成的支撑架) (4)空间框架式支撑架(多排或满堂设置的空间构架)
按杆系结构体系划分	(1)几何不可变杆系结构支撑架(杆件长细比符合桁架规定,竖平面斜杆设置不小于均占两个方向构架框格的 1/2 的构架) (2)非几何不可变杆系结构支撑架(符合脚手架构架规定,但有竖平面斜杆设置的框格低于其总数 1/2 的构架)
按支柱类型划分	(1)单立杆支撑架 (2)双立杆支撑架 (3)格构柱群支撑架(由格构柱群体形成的支撑架) (4)混合支柱支撑架(混用单立杆、双立杆、格构柱的支撑架)
按水平构架情况划分	(1)水平构造层不设或少量设置斜杆或剪刀撑的支撑架 (2)有一或数道水平加强层设置的支撑架,又可分为: 1)板式水平加强层(每道仅为单层设置,斜杆设置不小于 1/37k 平框格) 2)桁架式水平加强层(每道为双层,并有竖向斜杆设置) 此外,单双排支撑架还有设附墙拉结(或斜撑)与不设之分,后者的支撑高度不宜大于4m。支撑架的所受荷载一般为竖向荷载,但箱基模板(墙板模板)支撑架则同时受竖向和水平作用

二、模板支撑架的设置要求【高手知识】

模板支撑架的设置应满足可靠承受模板荷载,确保沉降、变形、位移均符合规定,绝对避免出现坍塌和垮架的要求,并应注意确保以下三点:

(1)承力点应设在支柱或靠近支柱处,避免水平杆跨中受力;

(2)充分考虑施工中可能出现的最大荷载作用,并确保其仍有两倍的安全系数;

(3)支柱的基底绝对可靠,不得发生严重沉降变形。

第八节　水塔脚手架基础

一、水塔外脚手架的形式【高手知识】

水塔外脚手架可用杉篙或钢管搭设,适用于高度在 45m 以内的砖砌水塔。

水塔外脚手架的平面形式有正方形、六角形和八角形等多种形式,如图 2-25 所示。

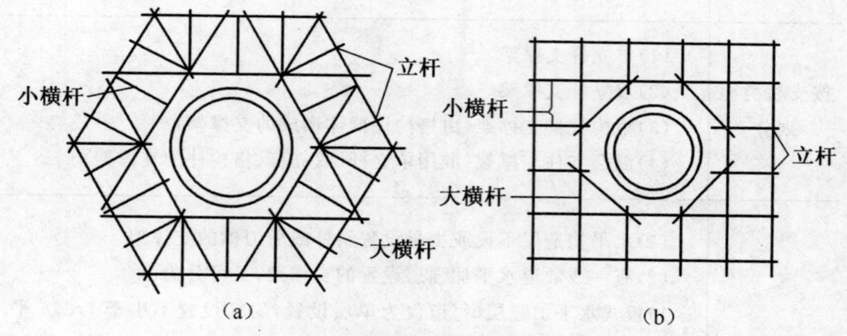

图 2-25　水塔外脚手架平面形式

(a)六角形架子　(b)正方形架子

二、水塔内脚手架的形式【高手知识】

水塔内脚手架一般根据上料架设在塔内或塔外,布置成图 2-26 和图 2-27 两种形式。

(1)如图 2-26 的布置形式,上料架设在水塔内,水塔筒身的内脚手架和水箱内脚手架分别搭设在已施工完的水塔地面和水箱底板上,水箱内脚手架可以设置上料吊杆,以方便施工材料的上下吊运。

(2)如图 2-27 的布置形式,上料脚手架设在水塔外,施工时,先搭设筒身的内脚手架至水箱底,待水箱底施工完毕后,再在水箱下吊运。

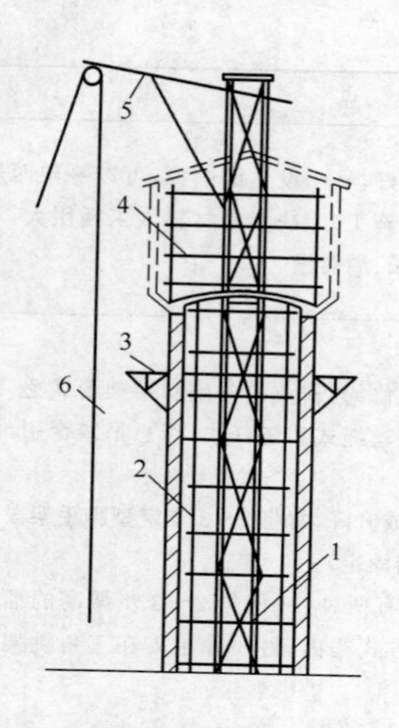

图 2-26　水塔内脚手架布置形式之一

1. 井形上料架　2. 内脚手架
3. 三角托架　4. 水箱内脚手架
5. 上料吊杆　6. 钢丝绳

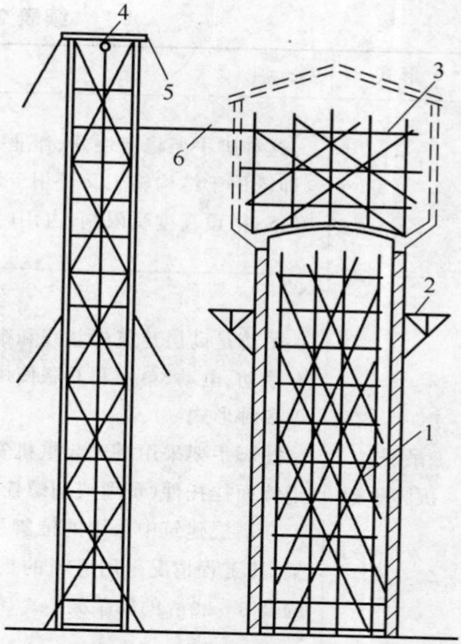

图 2-27　水塔内脚手架布置形式之二

1. 筒身内脚手架　2. 三角托架
3. 水箱内脚手架　4. 上料井架
5. 缆风绳　6. 跳板

第九节　高层建筑脚手架基础

一、高层建筑脚手架的形式【高手知识】

高层建筑脚手架的形式分为 4 种，见表 2-12。

表 2-12　高层建筑脚手架的形式

形式	特　点
落地式全高脚手架	即从地面上一直搭上去、覆盖建筑物全高的脚手架。考虑到立杆的承载能力和架子的稳定性，国家有关规范规定：门式钢管脚手架允许搭到 60m 高；竹、木、扣件式或碗扣式钢管脚手架则允许搭到 25～50m 高。超过规定的脚手架要采用卸载措施，即在规定高度（一般定为 35m）以上采用分段装设挑支架或撑拉构造，将该段脚手架荷载全部或大部分卸给工程结构承受

续表 2-12

形式	特　点
	这种脚手架稳定性好、作业条件好，易于设立面围护，可以一架两用(即既用于结构施工又可用于装修施工)。缺点是材料人工耗用大，不经济；搭设高度受限制、占用时间长、周转慢
吊、挂、挑脚手架	吊篮是高层建筑外装修和维修(修缮)作业的常用脚手架形式之一。有手动、电动、单用和并联使用、钢丝绳式和链杆式(指悬吊或牵引绳)等多种形式 挂脚手架采用塔式起重机安装或升降，常将 2～3 步定型脚手架段挂于墙面挂托件(预埋或用螺栓穿墙固定)上 在高层建筑中采用的挑脚手架有两种：一种是 2～3 步架高的插口架，按工程情况采用适当的挑支方式锚固；另一种是支在三角挑架上的高 6～30m 的脚手架
附墙升降式脚手架	有自滑升式和相邻架段交替提升式两种 (1)自滑升式脚手架由固定架和滑动架等两套连墙架构成，其滑动架的立杆套于固定架的立杆上。在升降时，交替固定和松开，利用附墙固定的架子提升松开附墙连接的架子 (2)相邻架段交替提升方式采用两种型号并间隔布置的架段，互为支承基点交替升降，即松开乙型架段后用甲型架段提升乙型架段；随后固定乙型架段再松开甲型架段，用乙型架段提升甲型架段
整体提升脚手架	即搭设一个四层楼高的脚手架，使用多台提升设备整体提升。在主体结构施工阶段，每次提升一层楼高；在装修阶段，每下降一次，可完成三层外装修作业，特别适合塔式超高层建筑施工

二、高层建筑物的设置要求【高手知识】

高层建筑物的设置要求见表 2-13。

表 2-13　高层建筑物的设置要求

脚手架形式	设 置 要 求
落地式全高脚手架	除遵守该脚手架的一般规定外，应根据高层建筑施工的特点，满足以下设置要求： (1)认真处理地基，加强立杆底部的支垫 (2)严格控制立杆的垂直偏差 (3)设置的连墙点应加密，并拉结牢靠 (4)为加强架子的整体稳定性，应采用满架立面设置剪刀撑 (5)超过规定高度的架子要按设置要求采取卸载措施 (6)采用半封闭或全封闭围护
吊、挂、挑脚手架	(1)脚手架的支挑和悬挂件必须经专门设计，支承结构要进行受力验算，支挑悬挂件的加工和安装必须符合设计规定 (2)细致地考虑脚手架的安装和提升措施，以确保绝对安全 (3)人工进行高空组装作业时，要采用双重安全保护措施，安全带和安全网 (4)脚手架段组装连长之后，要采用拉结固定和防摇晃的措施，以增强架子的空间稳定性 (5)配备专职人员对使用过程进行专项检查、维修和采用应急措施。
附墙升降式脚手架	附墙升降脚手架的工艺流程为：墙体预留孔→安装升降架→爬升→下降→拆除 (1)墙体预留孔按照脚手架的平面布置图和升降附墙支座的位置设置，孔径一般为 40～50mm。为使升降顺利，预留孔的中心必须在同一直线上 (2)安装附墙架的工作在吊机配合下按脚手架平面图进行。先把上、下固定架用 4 个扣件和 2 个保险螺栓连接起来，组成 1 片，上墙安装。一般每 2 片为一组，每步架上用 4 根 $\phi 48 \times 3.5$ 钢管作为大横杆，把 2 片升降架连接成一跨，组装成一个与邻跨没有牵连的独立升降单元体 附墙支座的螺栓从墙外穿入，待架子校正后，在墙内紧固。脚手架工作时，每个单元体共有 8 个 $\phi 30$ 穿墙螺栓与墙体锚固。升降架上墙组装完后，再用 $\phi 48 \times 35$ 的钢管接高一步，最后将各升降单元顶部扶手栏杆连成整体，内侧立杆用扣件与模板系统拉结，以增加脚手架的整体稳定

第三章　各种脚手架的基本结构

第一节　落地扣件式脚手架的构造

一、立杆的构造要求【新手知识】

立杆的构造应符合以下规定：

(1)每根立杆底部宜设置底座或垫板。

(2)脚手架必须设置纵、横向扫地杆。纵向扫地杆应采用直角扣件固定在距钢管底端不大于200mm处的立杆上。横向扫地杆应采用直角扣件固定在紧靠纵向扫地杆下方的立杆上。

(3)脚手架立杆基础不在同一高度上时，必须将高处的纵向扫地杆向低处延长两跨与立杆固定，高低差应不大于1m。靠边坡上方的立杆轴线到边坡的距离应不小于500mm，如图3-1所示。

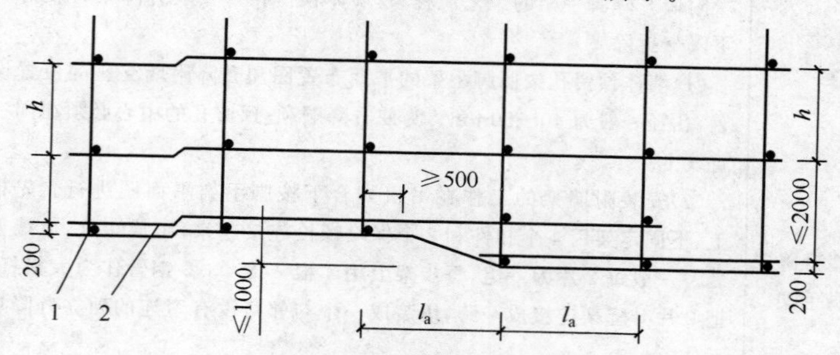

图3-1　纵横向扫地杆构造

1. 横向扫地杆　2. 纵向扫地杆

(4)单、双排脚手架底层步距均应不大于2m。

(5)单排、双排与满堂脚手架立杆接长除顶层顶步外，其余各层各步接头必须采用对接扣件连接。

(6)脚手架立杆的对接、搭接应符合下列规定：

1)当立杆采用对接接长时,立杆的对接扣件应交错布置,两根相邻立杆的接头不应设置在同步内,同步内隔一根立杆的两个相隔接头在高度方向错开的距离不宜小于500mm;各接头中心至主节点的距离不宜大于步距的1/3;

2)当立杆采用搭接接长时,搭接长度应不小于1m,并应采用不少于2个旋转扣件固定。端部扣件盖板的边缘至杆端距离应不小于100mm。

(7)脚手架立杆顶端栏杆宜高出女儿墙上端1m,高出檐口上端1.5m。

二、纵向水平杆的构造要求【新手知识】

纵向水平杆的构造应符合下列规定:

(1)纵向水平杆应设置在立杆内侧,单根杆长度应不小于3跨;

(2)纵向水平杆接长应采用对接扣件连接或搭接,并应符合下列规定:

1)两根相邻纵向水平杆的接头不应设置在同步或同跨内;不同步或不同跨两个相邻接头在水平方向错开的距离应不小于500mm;各接头中心至最近主节点的距离应不大于纵距的1/3,如图3-2所示。

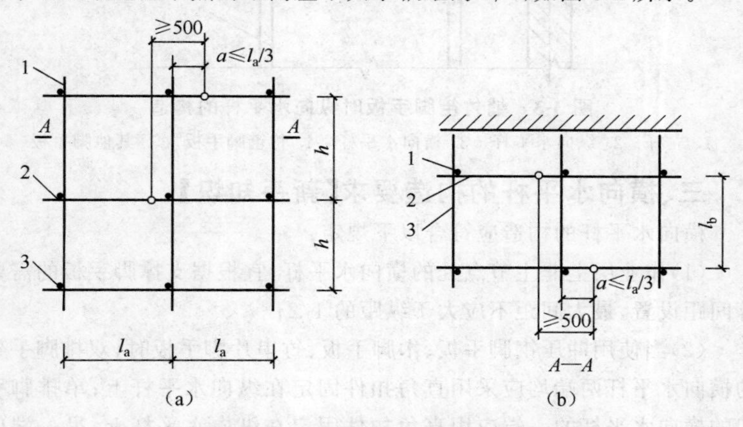

图3-2　纵向水平杆对接接头位置

(a)接头不在同步内(立面)　(b)接头不在同跨内(平面)

1. 立杆　2. 纵向水平杆　3. 横向水平杆

2)搭接长度应不小于 1m,等间距设置 3 个旋转扣件固定;端部扣件盖板边缘至搭接纵向水平杆杆端的距离应不小于 100mm。

(3)当使用冲压钢脚手板、木脚手板、竹串片脚手板时,纵向水平杆应作为横向水平杆的支座,用直角扣件固定在立杆上;当使用竹笆脚手板时,纵向水平杆应采用直角扣件固定在横向水平杆上,并应等间距设置,间距不应大于 400mm,如图 3-3 所示。

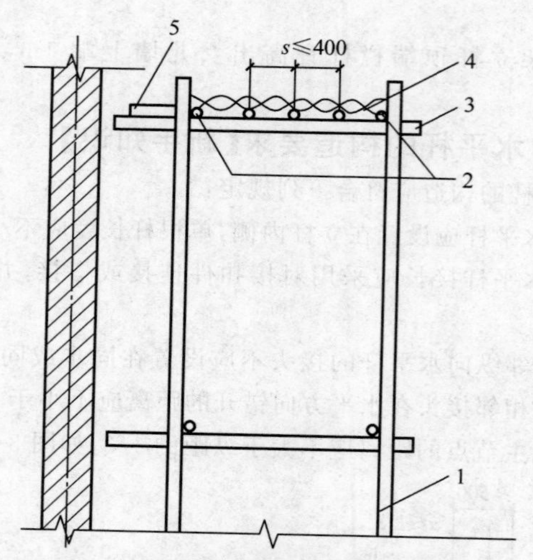

图 3-3 铺竹笆脚手板时纵向水平杆的构造

1. 立杆 2. 纵向水平杆 3. 横向水平杆 4. 竹笆脚手板 5. 其他脚手板

三、横向水平杆的构造要求【新手知识】

横向水平杆的构造应符合以下规定:

(1)作业层上非主节点处的横向水平杆,宜根据支撑脚手板的需要等间距设置,最大间距不应大于纵距的 1/2;

(2)当使用冲压钢脚手板、木脚手板、竹串片脚手板时,双排脚手架的横向水平杆两端均应采用直角扣件固定在纵向水平杆上;单排脚手架的横向水平杆的一端应用直角扣件固定在纵向水平杆上,另一端应插入墙内,插入长度应不小于 180mm;

(3)当使用竹笆脚手板时,双排脚手架的横向水平杆的两端,应用直角扣件固定在立杆上；单排脚手架的横向水平杆的一端，应用直角扣件固定在立杆上，另一端插入墙内，插入长度应不小于180mm；

(4)主节点处必须设置一根横向水平杆，用直角扣件扣接且严禁拆除。

四、连墙件的构造要求【新手知识】

连墙件的构造应符合以下规定：

(1)脚手架连墙件设置的位置、数量应按专项施工方案确定。

(2)脚手架连墙件数量的设置除应满足本规范的计算要求外，还应符合表3-1的规定。

表3-1 连墙件布置最大间距

搭设方法	高度	竖向间距 h	水平间距 l_a	每根连墙件覆盖面积 /m^2
双排落地	≤50m	$3h$	$3l_a$	≤40
双排悬挑	＞50m	$2h$	$3l_a$	≤27
单排	≤24m	$3h$	$3l_a$	≤40

注：h—步距；l_a—纵距。

(3)连墙件的布置应符合下列规定：

1)应靠近主节点设置，偏离主节点的距离应不大于300mm；

2)应从底层第一步纵向水平杆处开始设置，当该处设置有困难时，应采用其他可靠措施固定；

3)应优先采用菱形布置，或采用方形、矩形布置。

(4)开口型脚手架的两端必须设置连墙件，连墙件的垂直间距应不大于建筑物的层高，并且应不大于4m。

(5)连墙件中的连墙杆应呈水平设置，当不能水平设置时，应向脚手架一端下斜连接。

(6)连墙件必须采用可承受拉力和压力的构造。对高度24m以上的双排脚手架，应采用刚性连墙件与建筑物连接。

(7)当脚手架下部暂不能设连墙件时应采取防倾覆措施。当搭设抛撑时，抛撑应采用通长杆件，并用旋转扣件固定在脚手架上，与地面的倾角应在45°～60°之间；连接点中心至主节点的距离应不大于300mm。抛撑应在连墙件搭设后方可拆除。

(8)架高超过40m且有风涡流作用时，应采取抗上升翻流作用的连墙措施。

五、剪刀撑与横向斜撑的构造要求【新手知识】

剪刀撑与横向斜撑的构造应符合以下规定：

(1)双排脚手架应设置剪刀撑与横向斜撑，单排脚手架应设置剪刀撑。

(2)单、双排脚手架剪刀撑的设置应符合下列规定：

1)每道剪刀撑跨越立杆的根数应按表3-2的规定确定。每道剪刀撑宽度应不小于4跨，且应不小于6m，斜杆与地面的倾角应在45°～60°之间。

表3-2 剪刀撑跨越立杆的最多根数

剪刀撑斜杆与地面的倾角 α	45°	50°	60°
剪刀撑跨越立杆的最多根数 n	7	6	5

2)剪刀撑斜杆的接长应采用搭接或对接，搭接应符合以下规定：

当立杆采用搭接接长时，搭接长度应不小于1m，并应采用不少于2个旋转扣件固定。端部扣件盖板的边缘至杆端距离应不小于100mm。

3)剪刀撑斜杆应用旋转扣件固定在与之相交的横向水平杆的伸出端或立杆上，旋转扣件中心线至主节点的距离应不大于150mm。

(3)高度在24m及以上的双排脚手架应在外侧全立面连续设置剪刀撑；高度在24m以下的单、双排脚手架，均必须在外侧两端、转角及中间间隔不超过15m的立面上，各设置一道剪刀撑，并应由底至顶层连续设置，如图3-4所示。

(4)双排脚手架横向斜撑的设置应符合下列规定：

1)横向斜撑应在同一节间，由底至顶层呈之字形连续布置，斜撑的固定应符合以下规定。

斜腹杆宜采用旋转扣件固定在与之相交的横向水平杆的伸出端上，旋转扣件中心线至主节点的距离不宜大于150mm。当斜腹杆在

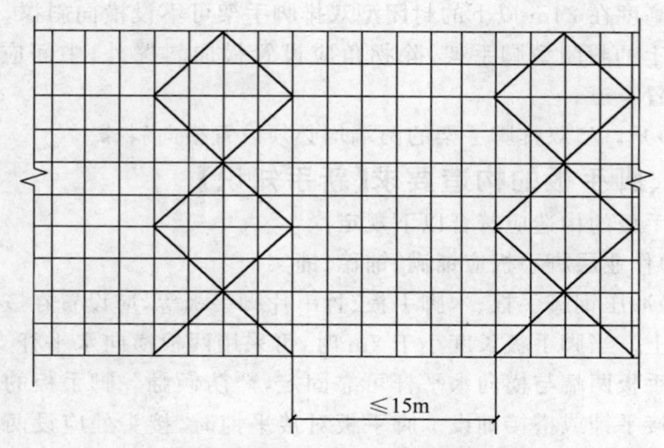

图 3-4　高度 24m 以下剪刀撑布置

l跨内跨越 2 个步距时，如图 3-5 所示，宜在相交的纵向水平杆处，增设一根横向水平杆，将斜腹杆固定在其伸出端上。

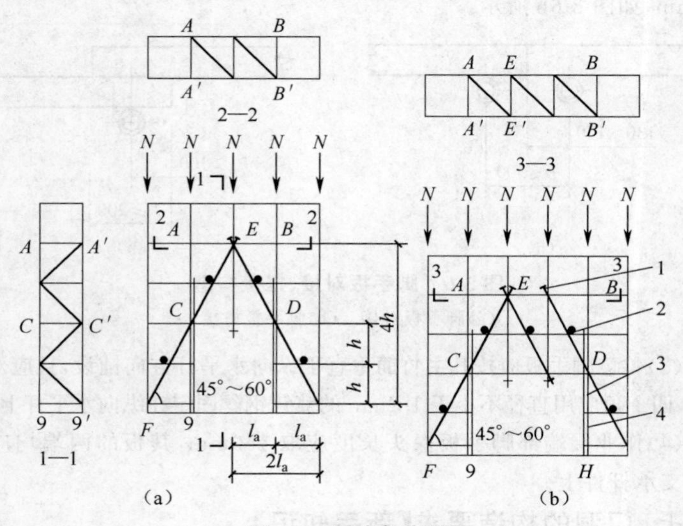

图 3-5　斜腹杆布置

(a)挑空一根立杆　(b)挑空二根立杆

1. 防滑扣件　2. 增设的横向水平杆　3. 副立杆　4. 主立杆

2)高度在 24m 以下的封闭型双排脚手架可不设横向斜撑,高度在 24m 以上的封闭型脚手架,除拐角应设置横向斜撑外,中间应每隔 6 跨距设置一道。

(5)开口型双排脚手架的两端均必须设置横向斜撑。

六、脚手板的构造要求【新手知识】

脚手板的构造应符合以下规定:

(1)作业层脚手板应铺满、铺稳、铺实。

(2)冲压钢脚手板、木脚手板、竹串片脚手板等,应设置在三根横向水平杆上。当脚手板长度小于 2m 时,可采用两根横向水平杆支承,但应将脚手板两端与横向水平杆可靠固定,严防倾翻。脚手板的铺设应采用对接平铺或搭接铺设。脚手板对接平铺时,接头处应设两根横向水平杆,外伸长度应取 130～150mm,两块脚手板外伸长度的和应不大于 300mm,如图 3-6a 所示;脚手板搭接铺设时,接头应支在横向水平杆上,搭接长度不应小于 200mm,其伸出横向水平杆的长度不应小于 100mm,如图 3-6b 所示。

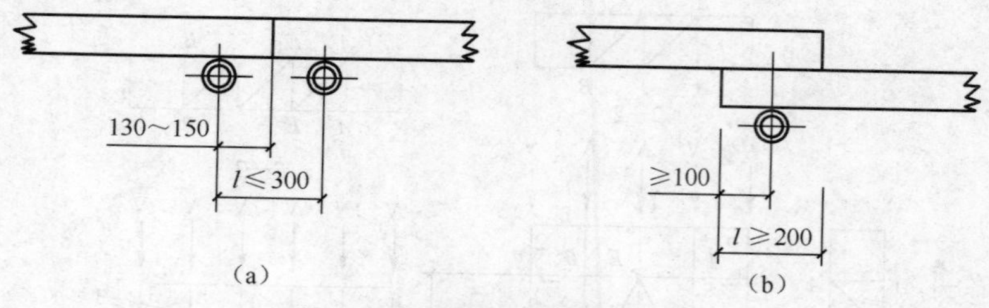

图 3-6 脚手板对接、搭接构造

(a)脚手板对接 (b)脚手板搭接

(3)竹笆脚手板应按其主竹筋垂直于纵向水平杆方向铺设,且应对接平铺,四个角应用直径不小于 1.2mm 的镀锌钢丝固定在纵向水平杆上。

(4)作业层端部脚手板探头长度应取 150mm,其板的两端均应固定于支承杆件上。

七、门洞的构造要求【新手知识】

门洞的构造应符合以下规定:

(1)单、双排脚手架门洞宜采用上升斜杆、平行弦杆桁架结构形式

(如图 3-7 所示)，斜杆与地面的倾角 α 应在 45°～60°之间。门洞桁架的形式宜按下列要求确定：

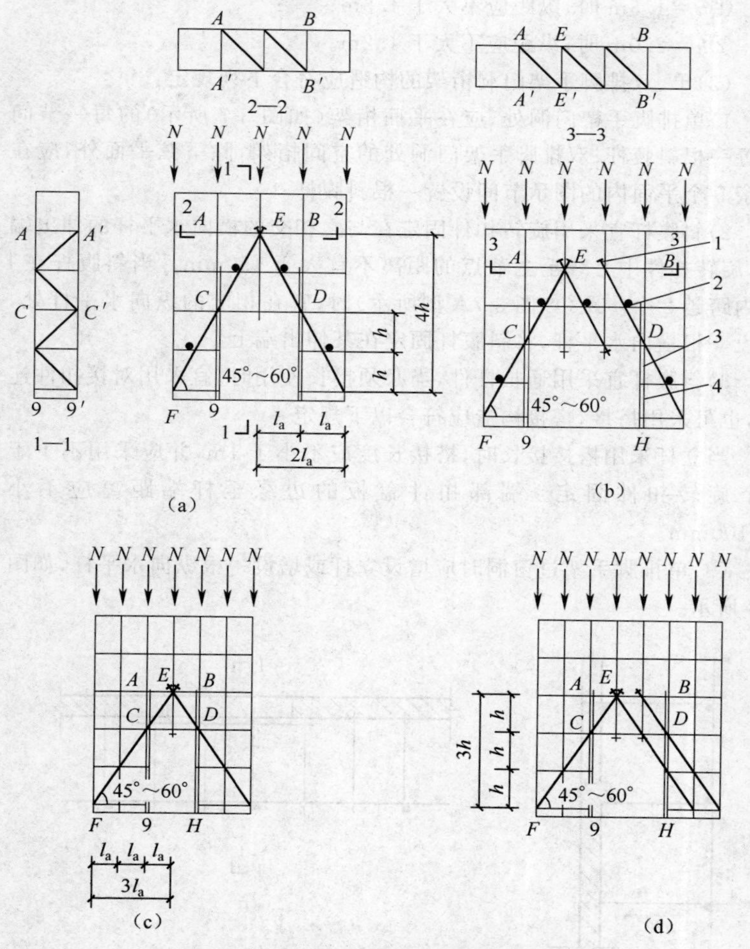

图 3-7　门洞处上升斜杆、平行弦杆桁架

(a)挑空一根立杆 A 型　(b)挑空二根立杆 A 型

(c)挑空一根立杆 B 型　(d)挑空二根立杆 B 型

1. 防滑扣件　2. 增设的横向水平杆　3. 副立杆　4. 主立杆

1)当步距(h)小于纵距(l_a)时,应采用 A 型;

2)当步距(h)大于纵距(l_a)时,应采用 B 型,并应符合下列规定:

①h=1.8m 时,纵距应不大于 1.5m;

②h=2.0m 时,纵距应不大于 1.2m。

(2)单、双排脚手架门洞桁架的构造应符合下列规定:

1)单排脚手架门洞处,应在平面桁架(如图 3-7 所示)的每一节间设置一根斜腹杆;双排脚手架门洞处的空间桁架,除下弦平面外,应在其余 5 个平面内的图示节间设置一根斜腹杆。

2)斜腹杆宜采用旋转扣件固定在与之相交的横向水平杆的伸出端上,旋转扣件中心线至主节点的距离不宜大于 150mm。当斜腹杆在 1 跨内跨越 2 个步距(如图 3-7A 型所示)时,宜在相交的纵向水平杆处,增设一根横向水平杆,将斜腹杆固定在其伸出端上。

3)斜腹杆宜采用通长杆件,当必须接长使用时,宜采用对接扣件连接,也可采用搭接,搭接构造应符合以下规定:

当立杆采用搭接接长时,搭接长度应不小于 1m,并应采用不少于 2 个旋转扣件固定。端部扣件盖板的边缘至杆端距离应不小于 100mm。

(3)单排脚手架过窗洞时应增设立杆或增设一根纵向水平杆,如图 3-8 所示。

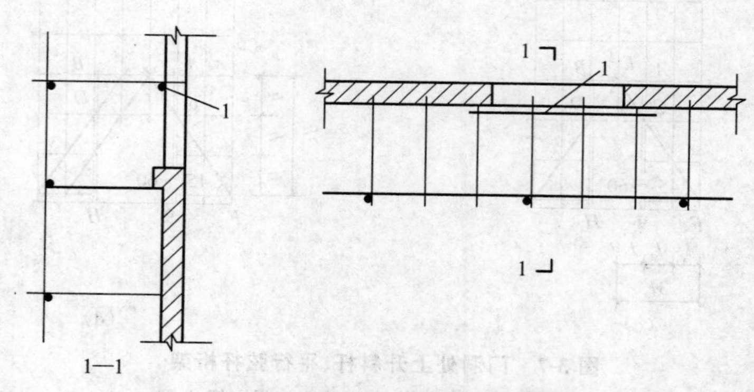

图 3-8 单排脚手架过窗洞构造

1. 增设的纵向水平杆

（4）门洞桁架下的两侧立杆应为双管立杆，副立杆高度应高于门洞口1～2步。

（5）门洞桁架中伸出上下弦杆的杆件端头，均应增设一个防滑扣件，该扣件宜紧靠主节点处的扣件。

八、扣件安装【新手知识】

扣件的安装应符合以下规定：

（1）扣件规格应与钢管外径相同；

（2）螺栓拧紧扭力矩应不小于40N·m，且应不大于65N·m；

（3）在主节点处固定横向水平杆、纵向水平杆、剪刀撑、横向斜撑等用的直角扣件、旋转扣件的中心点的相互距离应不大于150mm；

（4）对接扣件开口应朝上或朝内；

（5）各杆件端头伸出扣件盖板边缘的长度应不小于100mm。

九、斜道构造要求【新手知识】

斜道构造应符合以下规定：

（1）脚手板横铺时，应在横向水平杆下增设纵向支托杆，纵向支托杆间距应不大于500mm；

（2）脚手板顺铺时，接头应采用搭接，下面的板头应压住上面的板头，板头的凸棱处应采用三角木填顺；

（3）人行斜道和运料斜道的脚手板上应每隔250～300mm设置一根防滑木条，木条厚度应为20～30mm。

第二节　碗扣式钢管脚手架的构造

一、双排脚手架的构造要求【高手知识】

（1）双排脚手架应按构造要求搭设；当连墙件按2步3跨设置，二层装修作业层、二层脚手板、外挂密目安全网封闭，且符合下列基本风压值时，其允许搭设高度宜符合表3-3的规定。

（2）当曲线布置的双排脚手架组架时，应按曲率要求使用不同长度的内外横杆组架，曲率半径应大于2.4m。

（3）当双排脚手架拐角为直角时，宜采用横杆直接组架，如图3-9a所示；当双排脚手架拐角为非直角时，可采用钢管扣件组架，如图 3-9b 所示。

表 3-3　双排落地脚手架允许搭设高度

步距/m	横距/m	纵距/m	允许搭设高度/m 基本风压值 w_0/(kN/m²)		
			0.4	0.5	0.6
1.8	0.9	1.2	68	62	52
		1.5	51	43	36
	1.2	1.2	59	53	46
		1.5	41	31	26

注：本表计算风压高度变化系数，系按地面粗糙度为 C 类采用，当具体工程的基本风压值和地面粗糙度与此表不相符时，应另行计算。

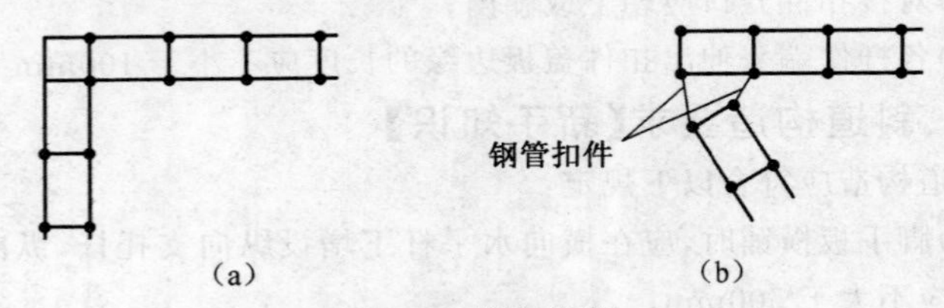

图 3-9　拐角组架

(a)横杆组架　(b)钢管扣件组架

(4)双排脚手架首层立杆应采用不同的长度交错布置，底层纵、横向横杆作为扫地杆距地面高度应不大于 350mm，严禁在施工中拆除扫地杆。立杆应配置可调底座或固定底座，如图 3-10 所示。

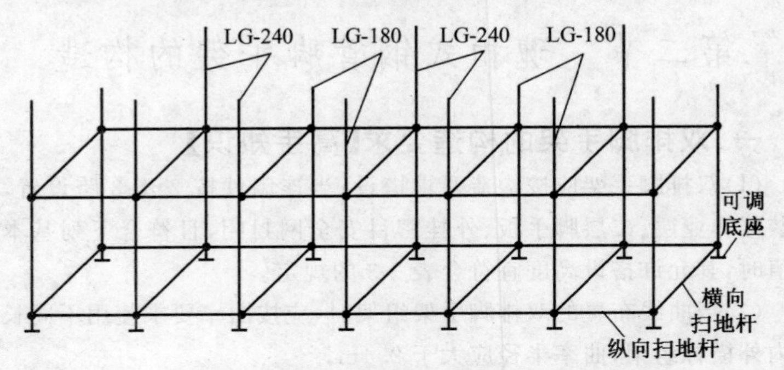

图 3-10　首层立杆布置示意

(5)双排脚手架专用外斜杆设置如图 3-11 所示,应符合下列规定:

1)斜杆应设置在有纵、横向横杆的碗扣节点上。

2)在封圈的脚手架拐角处及一字形脚手架端部应设置竖向通高斜杆。

3)当脚手架高度不大于 24m 时,每隔 5 跨应设置一组竖向通高斜杆;当脚手架高度大于 24m 时,每隔 3 跨应设置一组竖向通高斜杆;斜杆应对称设置。

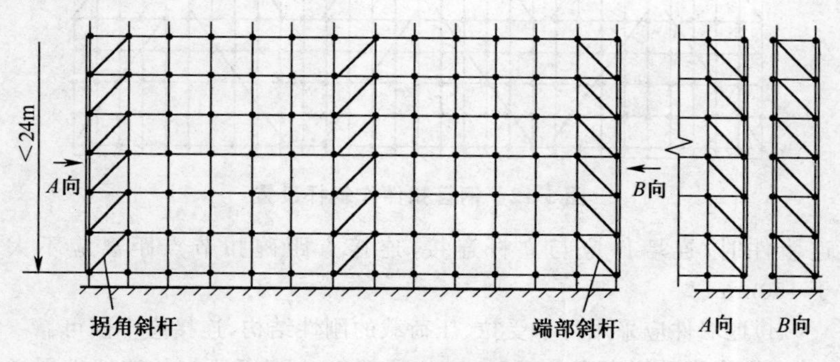

图 3-11 专用外斜设置示意

4)当斜杆临时拆除时。拆除前应在相邻立杆间设置相同数量的斜杆。

(6)当采用钢管扣件作斜杆时应符合下列规定:

1)斜杆应每步与立杆扣接。扣接点距碗扣节点的距离应不大于 150mm;当出现不能与立杆扣接时,应与横杆扣接。扣件扭紧力矩应为 4065N·m。

2)纵向斜杆应在全高方向设置成八字形且内外对称,斜杆间距应不大于两跨,如图 3-12 所示。

(7)连墙件的设置应符合下列规定:

1)连墙件应呈水平设置。当不能呈水平设置时,与脚手架连接的一端应下斜连接。

2)每层连墙件应在同一平面,其位置应由建筑结构和风荷载计算确定,且水平间距应不大于 4.5m 。

3)连墙件应设置在有横向横杆的碗扣节点处。当采用钢管扣件做

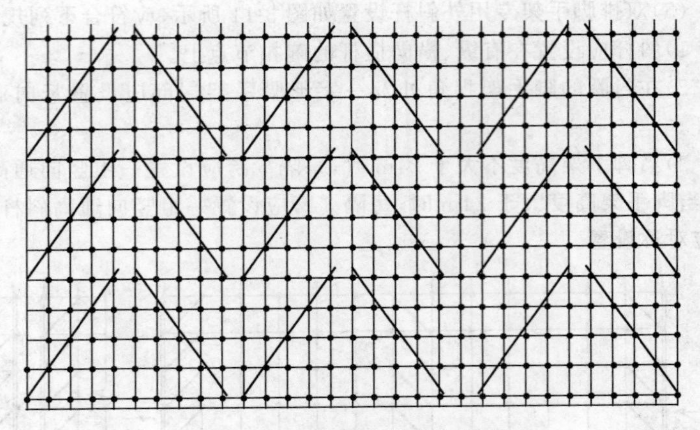

图 3-12 钢管扣件作斜杆设置

连墙件时，连墙件应与立杆连接，连接点距碗扣节点距离应不大于 150mm。

4)连墙件应采用可承受拉、压荷载的刚性结构，连接应牢固可靠。

(8)当脚手架高度大于 24m 时，顶部 24m 以下所有的连墙件层必须设置水平斜杆，水平斜杆应设置在纵向横杆之下，如图 3-13 所示。

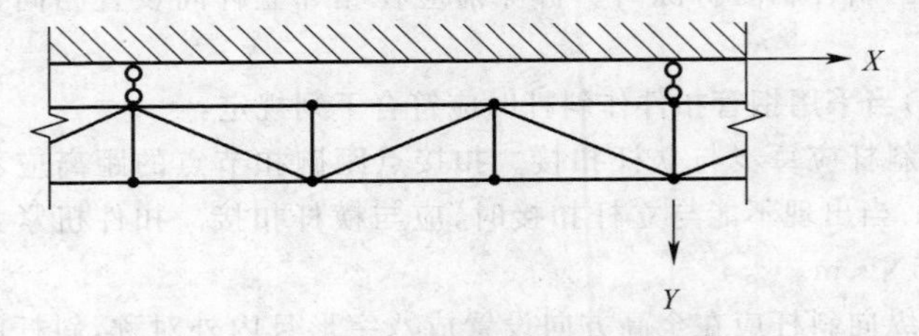

图 3-13 水平斜杆设置示意图

(9)脚手板设置应符合下列规定：

1)工具式钢脚手板必须有挂钩，并带有自锁装置与廊道横杆锁紧，严禁浮放。

2)冲压钢脚手板、木脚手板、竹串片脚手板，两端应与横杆绑牢，作业层相邻两根廊道横杆间应加设间横杆。脚手板探头长度应不大于 150mm。

(10)人行通道坡度不宜大于1∶3,并应在通道脚手板下增设横杆,通道可折线上升,如图3-14所示。

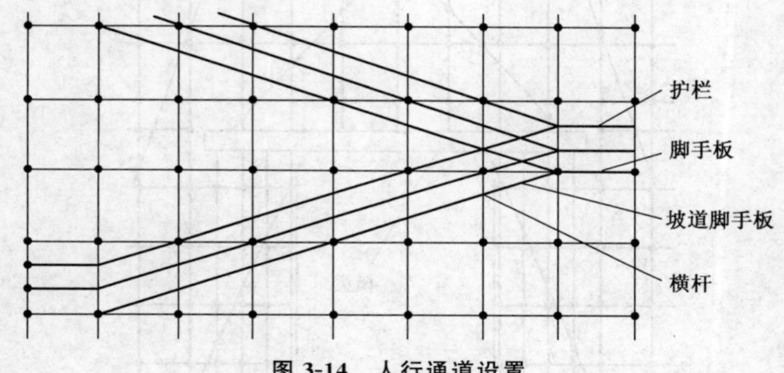

图3-14　人行通道设置

(11)脚手架内立杆与建筑物距离应不大于150mm;当脚手架内立杆与建筑物距离大于150mm时,应按需要分别选用窄挑梁或宽挑梁设置作业平台。挑梁应单层挑出,严禁增加层数。

二、门洞设置要求【高手知识】

(1)当双排脚手架设置门洞时,应在门洞上部架设专用梁,门洞两侧立杆应加设斜杆,如图3-15所示。

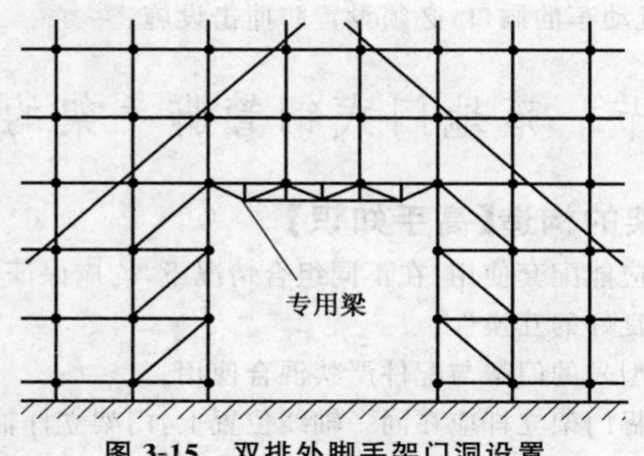

图3-15　双排外脚手架门洞设置

(2)模板支撑架设置人行通道时(如图3-16所示),应符合下列规定:

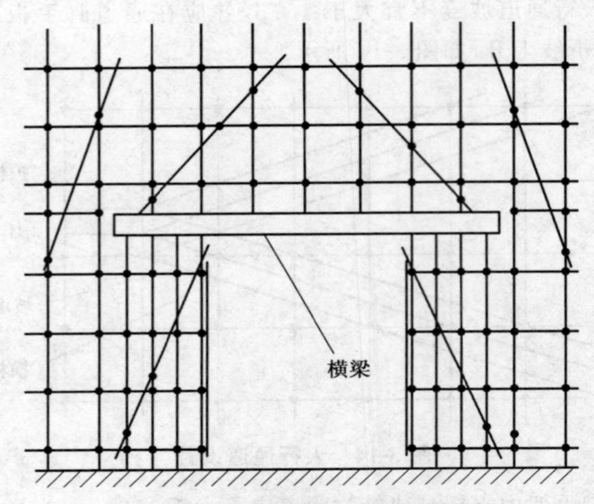

图 3-16 模板支撑架人行通道设置

1)通道上部应架设专用横梁,横梁结构应经过设计计算确定;

2)横梁下的立杆应加密,并应与架体连接牢固;

3)通道宽度应不大于 4.8m;

4)门洞及通道顶部必须采用木板或其他硬质材料全封闭,两侧应设置安全网;

5)通行机动车的洞口,必须设置防撞击设施。

第三节 落地门式钢管脚手架的构造

一、门架的构造【高手知识】

(1)门架应能配套使用,在不同组合情况下,均应保证连接方便、可靠,且应具有良好的互换性。

(2)不同型号的门架与配件严禁混合使用。

(3)上下榀门架立杆应在同一轴线位置上,门架立杆轴线的对接偏差应不大于 2mm。

(4)门式脚手架的内侧立杆离墙面净距不宜大于 150mm;当大于 150mm 时,应采取内设挑架板或其他隔离防护的安全措施。

(5)门式脚手架顶端栏杆宜高出女儿墙上端或檐口上端1.5m。

二、配件的构造【高手知识】

(1)配件应与门架配套,并应与门架连接可靠。

(2)门架的两侧应设置交叉支撑,并应与门架立杆上的锁销锁牢。

(3)上下榀门架的组装必须设置连接棒,连接棒与门架立杆配合间隙应不大于2mm。

(4)门式脚手架或模板支架上下榀门架间应设置锁臂,当采用插销式或弹销式连接棒时,可不设锁臂。

(5)门式脚手架作业层应连续满铺与门架配套的挂扣式脚手板,并应有防止脚手板松动或脱落的措施。当脚手板上有孔洞时,孔洞的内切圆直径应不大于25mm。

(6)底部门架的立杆下端宜设置固定底座或可调底座。

(7)可调底座和可调托座的调节螺杆直径应不小于35mm,可调底座的调节螺杆伸出长度应不大于200mm。

三、加固件的构造【高手知识】

(1)门式脚手架剪刀撑的设置必须符合下列规定:

1)当门式脚手架搭设高度在24m及以下时,在脚手架的转角处、两端及中间间隔不超过15m的外侧立面必须各设置一道剪刀撑,并应由底至顶连续设置;

2)当脚手架搭设高度超过24m时,在脚手架全外侧立面上必须设置连续剪刀撑;

3)对于悬挑脚手架,在脚手架全外侧立面上必须设置连续剪刀撑。

(2)剪刀撑的构造应符合下列规定,如图3-17所示。

1)剪刀撑斜杆与地面的倾角宜为45°～60°;

2)剪刀撑应采用旋转扣件与门架立杆扣紧;

3)剪刀撑斜杆应采用搭接接长,搭接长度不宜小于1000mm,搭接处应采用3个及以上旋转扣件扣紧;

4)每道剪刀撑的宽度应不大于6个跨距,且应不大于10m;也应不小于4个跨距,且应不小于6m。设置连续剪刀撑的斜杆水平间距宜为6～8m。

(3)门式脚手架应在门架两侧的立杆上设置纵向水平加固杆,并应

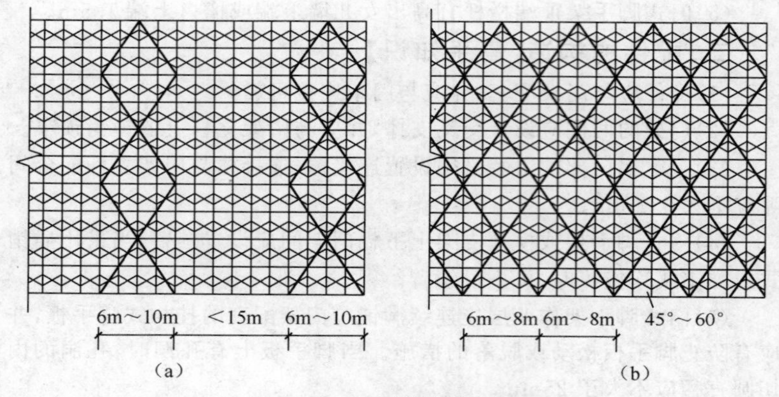

图 3-17 剪刀撑设置示意图

(a)脚手架搭设高度 24m 及以下 (b)超过 24m 时剪刀撑设置

采用扣件与门架立杆扣紧。水平加固杆设置应符合下列要求：

1)在顶层、连墙件设置层必须设置；

2)当脚手架每步铺设挂扣式脚手板时，至少每 4 步应设置一道，并宜在有连墙件的水平层设置；

3)当脚手架搭设高度小于或等于 40m 时，至少每两步门架应设置一道；当脚手架搭设高度大于 40m 时，每步门架应设置一道；

4)在脚手架的转角处、开口型脚手架端部的两个跨距内，每步门架应设置一道；

5)悬挑脚手架每步门架应设置一道；

6)在纵向水平加固杆设置层面上应连续设置。

(4)门式脚手架的底层门架下端应设置纵、横向通长的扫地杆。纵向扫地杆应固定在距门架立杆底端不大于 200mm 处的门架立杆上，横向扫地杆宜固定在紧靠纵向扫地杆下方的门架立杆上。

四、转角处门架连接的构造【高手知识】

(1)在建筑物的转角处，门式脚手架内、外两侧立杆上应按步设置水平连接杆、斜撑杆，将转角处的两榀门架连成一体，如图 3-18 所示。

(2)连接杆、斜撑杆应采用钢管，其规格应与水平加固杆相同。

(3)连接杆、斜撑杆应采用扣件与门架立杆及水平加固杆扣紧。

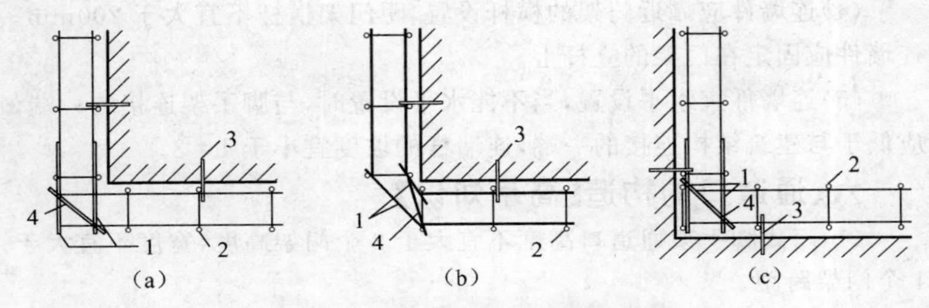

图 3-18　转角处脚手架连接

(a)、(b)阳角转角处脚手架连接　(c)阴角转角处脚手架连接

1. 连接杆　2. 门架　3. 连墙件　4. 斜撑杆

五、连墙件的构造【高手知识】

(1)连墙件设置的位置、数量应按专项施工方案确定，并应按确定的位置设置预埋件。

(2)连墙件的设置除应满足本规范的计算要求外，还应满足表 3-4 的要求。

表 3-4　连墙件最大间距或最大覆盖面积

<table>
<tr><th rowspan="2">序号</th><th rowspan="2">脚手架搭设方式</th><th rowspan="2">脚手架高度/m</th><th colspan="2">连墙件间距/m</th><th rowspan="2">每根连墙件覆盖面积/m²</th></tr>
<tr><th>竖向</th><th>水平向</th></tr>
<tr><td>1</td><td rowspan="3">落地、密目式安全网全封闭</td><td rowspan="2">≤40</td><td>3h</td><td>3l</td><td>≤40</td></tr>
<tr><td>2</td><td rowspan="2">2h</td><td rowspan="2">3l</td><td rowspan="2">≤27</td></tr>
<tr><td>3</td><td>>40</td></tr>
<tr><td>4</td><td rowspan="3">悬挑、密目式安全网全封闭</td><td>≤40</td><td>3h</td><td>3l</td><td>≤40</td></tr>
<tr><td>5</td><td>40～60</td><td>2h</td><td>3l</td><td>≤27</td></tr>
<tr><td>6</td><td>>60</td><td>2h</td><td>2l</td><td>≤20</td></tr>
</table>

注：1. 序号 4～6 为架体位于地面上的高度；

2. 按每根连墙件覆盖面积选择连墙件设置时，连墙件的竖向间距应不大于 6m；

3. 表中 h 为步距；l 为跨距。

(3)在门式脚手架的转角处或开口型脚手架端部，必须增设连墙件，连墙件的垂直间距应不大于建筑物的层高，且应不大于 4.0m。

(4)连墙件应靠近门架的横杆设置,距门架横杆不宜大于 200mm。连墙件应固定在门架的立杆上。

(5)连墙件宜水平设置,当不能水平设置时,与脚手架连接的一端,应低于与建筑结构连接的一端,连墙杆的坡度宜小于 1∶3。

六、通道口的构造【高手知识】

(1)门式脚手架通道口高度不宜大于 2 个门架高度,宽度不宜大于 1 个门架跨距。

(2)门式脚手架通道口应采取加固措施,并应符合下列规定:

1)当通道口宽度为一个门架跨距时,在通道口上方的内外侧应设置水平加固杆,水平加固杆应延伸至通道口两侧各一个门架跨距,并在两个上角内外侧应加设斜撑杆,如图 3-19a 所示;

2)当通道口宽为两个及以上跨距时,在通道口上方应设置经专门设计和制作的托架梁,并应加强两侧的门架立杆,如图 3-19b 所示。

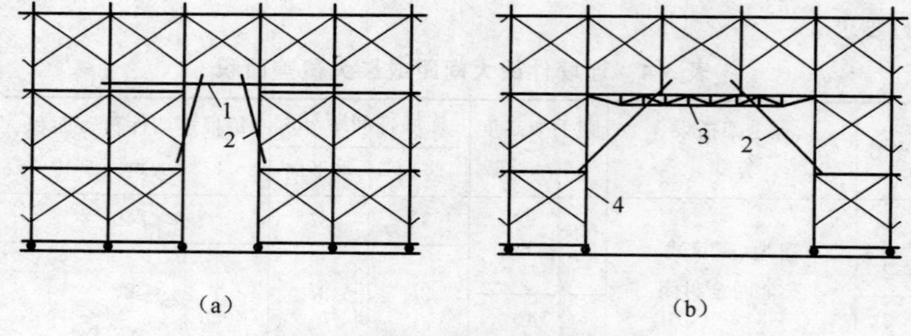

图 3-19 通道口加固示意图

(a)通道口宽度为一个门架跨距加固示意图

(b)通道口宽度为两个及以上门架跨距加固示意图

1. 平加固杆 2. 斜撑杆 3. 托架梁 4. 加强杆

七、斜梯的构造【高手知识】

(1)作业人员上下脚手架的斜梯应采用挂扣式钢梯,并宜采用“之”字形设置,一个梯段宜跨越两步或三步门架再行转折。

(2)钢梯规格应与门架规格配套,并应与门架挂扣牢固。

(3)钢梯应设栏杆扶手、挡脚板。

八、地基的构造【高手知识】

(1)门式脚手架与模板支架的地基承载力在搭设时,根据不同地基土质和搭设高度条件,应符合表3-5的规定。

(2)门式脚手架与模板支架的搭设场地必须平整坚实,并应符合下列规定:

1)回填土应分层回填,逐层夯实;

2)场地排水应顺畅,不应有积水。

(3)搭设门式脚手架的地面标高宜高于自然地坪标高50～100mm。

(4)当门式脚手架与模板支架搭设在楼面等建筑结构上时,门架立杆下宜铺设垫板。

表3-5　地基要求

搭设高度/m	地基土质		
	中低压缩性且压缩性均匀	回填土	高压缩性或压缩性不均匀
≤24	夯实原土,干重力密度要求15.5kN/m³。立杆底座置于面积不小于0.075m²的垫木上	土夹石或素土回填夯实,立杆底座置于面积不小于0.1m²垫木上	夯实原土,铺设通长垫木
>24且≤40	垫木面积不小于0.10m²,其余同上	砂夹石回填夯实,其余同上	夯实原土,在搭设地面满铺C15混凝土,厚度不小于150mm
>40且≤55	垫木面积不小于0.15m²或铺通长垫木,其余同上	砂夹石回填夯实,垫木面积不小于0.15m²或铺通长垫木	夯实原土,在搭设地面满铺C15混凝土,厚度不小于200mm

注:垫木厚度不小于50mm,宽度不小于200mm,通长垫木的长度不小于1500mm。

第四节 悬挑式脚手架的构造

一、悬挑式脚手架的用钢规定【高手知识】

悬挑架的支承结构应为型钢制作的悬挑梁或悬挑桁架等，不得采用钢管；其节点应采用螺栓联结或焊接，不得采用扣件连接。与建筑结构的固定方式应经设计计算确定，并经工程设计单位认可，工程设计单位应当对防范生产安全提出指导意见。

悬挑梁制作采用的型钢，其型号、规格、固端和悬挑端尺寸的选用应经设计计算确定，与建筑结构连接应采用水平支承于建筑梁板结构上的形式，固端长度应不小于1.5倍的外挑长度，与建筑物连接必须可靠（如由不少于两道的预埋U型螺栓与压板采用双螺母固定，螺杆露出螺母应不少于3扣），连接强度应经计算确定。

二、悬挑式脚手架的材料要求【高手知识】

（1）悬挑架构配件采用的原、辅材料材质及性能应符合现行国家标准、规范的要求，按规定进行进场验收和检验。有下列情形之一，构配件不得使用：

1）焊接件严重变形且无法修复或严重锈蚀的；

2）螺栓连接件变形、磨损、锈蚀严重或螺栓损坏的；

3）悬挑支承件变形、磨损严重的；

4）其他不符合要求的。

（2）构配件制作应满足设计要求。

（3）悬挑架所采用的螺栓连接件，不得使用板牙套丝或螺纹锥攻丝。

（4）悬挑架构配件加工前，必须进行设计计算、绘制设计图纸；加工完后应进行检验，焊接件焊缝应进行探伤检验。

第五节 爬架的构造

导轨式爬架的构造如图3-20所示，其由三部分组成：支架、爬升机构和安全装置。

(1)支架(架体结构)包括支架、导轨、连墙支杆座、连墙支杆、连墙挂板。

(2)爬升机构包括提升挂座、提升葫芦、提升钢丝绳、提升滑轮组。

(3)安全装置包括防坠落装置、导轮组、安全网、限位锁。

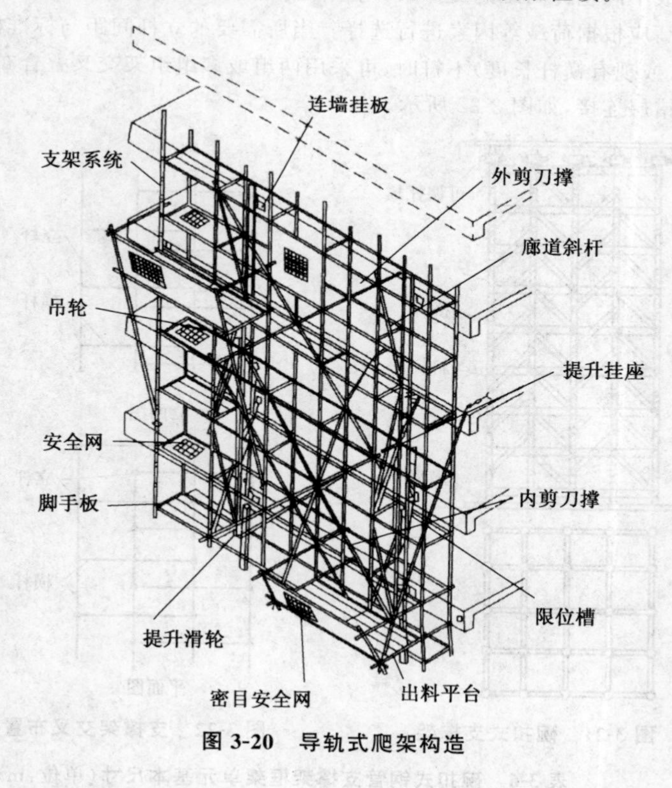

图 3-20 导轨式爬架构造

第六节 模板支撑架的构造

一、碗扣式钢管支撑架的构造【高手知识】

1. 一般碗扣式支撑架

用碗扣式钢管脚手架系列构件可以根据需要组装成不同组架密

度、不同组架高度的支撑架，其一般组架结构如图 3-21 所示。

一般碗扣式支撑架由立杆垫座（或立杆可调座）、立杆、顶杆、可调托撑以及横杆和斜杆（或斜撑、剪刀撑）等组成。使用不同长度的横杆可组成不同立杆间距的支撑架，基本尺寸见表 3-6，支撑架中框架单元的框高应根据荷载等因素进行选择。当所需要的立杆间距与标准横杆长度（或现有横杆长度）不符时，可采用两组或多组组架交叉叠合布置，横杆错层连接，如图 3-22 所示。

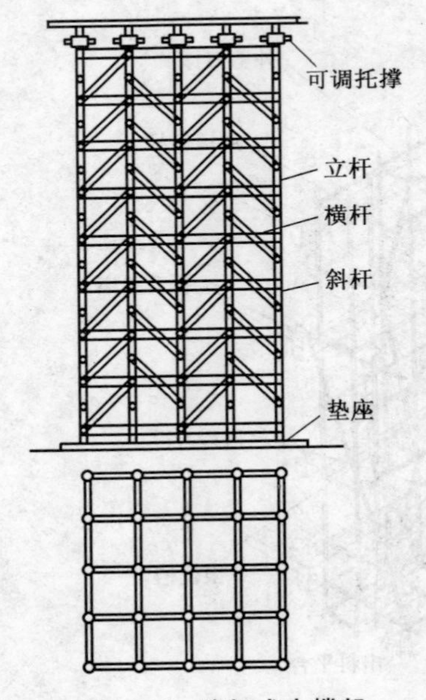

图 3-21 碗扣式支撑架

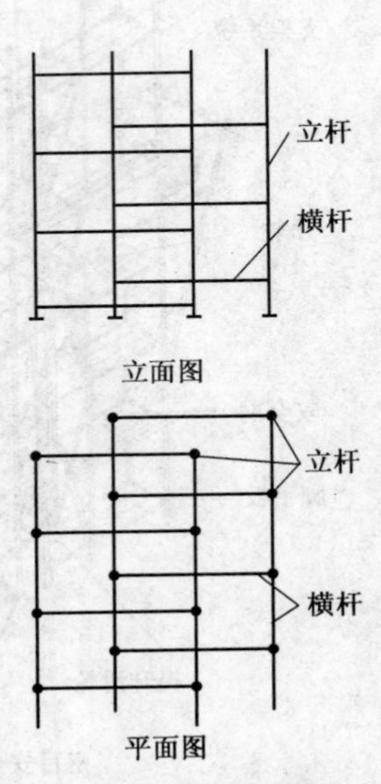

图 3-22 支撑架交叉布置

表 3-6 碗扣式钢管支撑架框架单元基本尺寸（单位：m）

类　型	A型	B型	C型	D型	E型
基本尺寸（框长×框宽×框高）	1.8×1.8×1.8	1.2×1.2×1.8	1.2×1.2×1.2	0.9×0.9×1.2	0.9×0.9×0.6

2. 带横托撑（或横托撑）支撑架

如图 3-23 所示，可调横托座既可作为墙体的侧向模板支撑，又可作为支撑架的横（侧）向限位支撑。

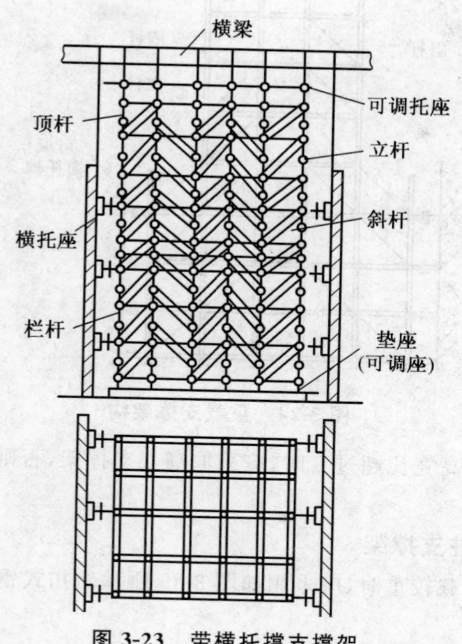

图 3-23　带横托撑支撑架

3. 底部扩大支撑架

对于楼板等荷载较小，但支撑面积较大的模板支架，一般不必把所有立杆连成整体，可分成几个独立支架，只要高宽比小于 3∶1 即可，但至少应有两跨连成一整体。对一些重载支撑架或支撑高度较高（大于 10m）的支撑架，则需把所有立杆连成一整体，并根据具体情况适当加设斜撑、横托撑或扩大底部架，如图 3-24 所示，用斜杆将上部支撑架的荷载部分传递到扩大部分的立杆上。

4. 高架支撑架

碗扣支撑架杆件轴心受力、杆件和节点间距定型、整架稳定性好和承载力大，适合于构造超高、超重的梁板模板支撑架，用于高大厅堂、结构转换层和道桥工程施工中。

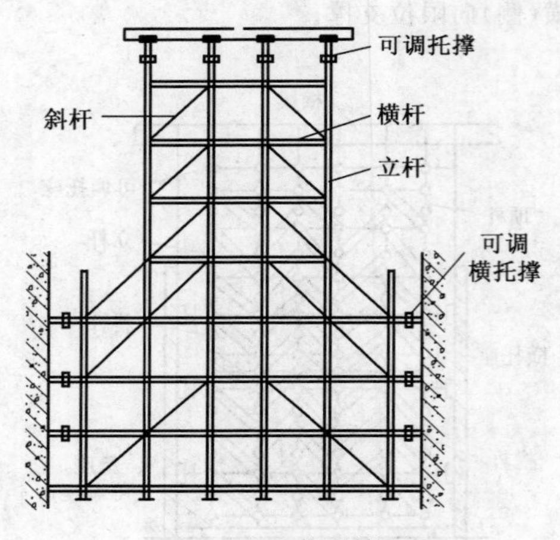

图 3-24 重载支撑架构

当支撑架高宽比超过 5 时，应采取高架支撑架，否则须按规定设置缆风绳紧固。

5. 支撑柱支撑架

当施工荷载较重时，应采用如图 3-25 所示碗扣式钢管支撑柱组成的支撑架。

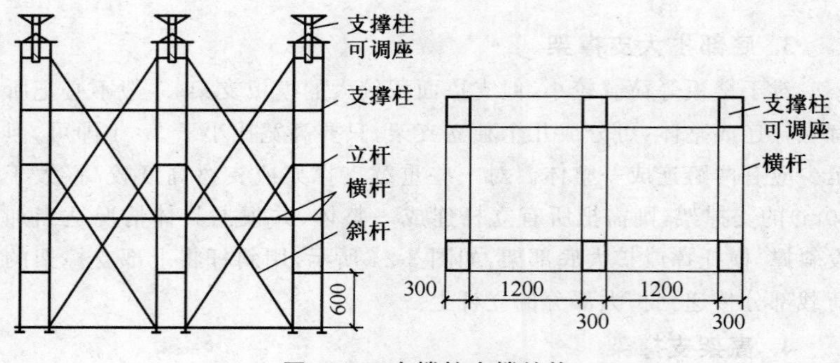

图 3-25 支撑柱支撑结构

二、门式钢管支撑架构配件【高手知识】

门式钢管支撑架构配件见表 3-7。

表 3-7　门式钢管支撑架构配件

构配件	特　点
CZM 门架	CZM 是一种适用于搭设模板支撑架的门架，其特点是横梁刚度大，稳定性好，能承受较大的荷载的作用点也不必限制在主杆的顶点处，即横梁上任意位置均可作为荷载承点 CZM 门架的构造如图 3-26 所示，门架基本高度有三种：1.2m、1.4m 和 1.8m；宽度为 1.2m
调节架	调节架高度有 0.9m、0.6m 两种，宽度为 1.2m，用来与门架搭配，以配装不同高度的支撑架
连接棒、销钉、销臂上、下门架、调节架	连接棒、销钉、销臂上、下门架、调节架的竖向连接，采用连接棒，如图 3-27a 所示。连接棒两端的均钻有孔洞，插入上、下两门架的立杆内，并在外侧安装销臂（如图 3-27c 所示），再用自锁销钉（如图 3-27b 所示）穿过销臂、立杆和连接棒的销孔，将上下立杆直接连接起来
加载支座、三角支承架	当托梁的间距不是门架的宽度（1.2m），且荷载作用点的间距大于或小于 1.2m 时，可用加载支座或三角支承架来进行调整，可以调整的间距范围为 0.5～1.8m （1）加载底座：加载支座构造如图 3-28 所示，使用时将底杆用扣件将底杆与门架的上横杆扣牢，小立杆的顶端加托座即可使用 （2）三角支承架：三角支承架构造如图 3-29 所示，宽度有 150mm、300mm、400mm 等几种，使用时将插件插入门架立杆顶端，并用扣件将底杆与立杆扣牢，然后在小立杆顶端设置顶托即可使用 图 3-30 是采用加载支座和三角支承架调整荷载作用点（托梁）的示意图

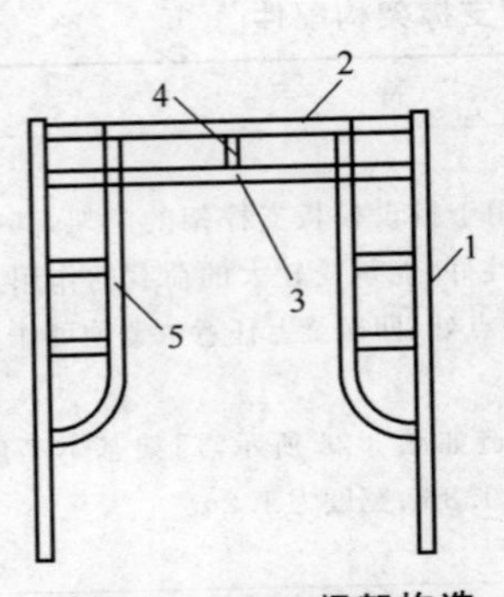

图 3-26 CZM 门架构造

1. 门架立杆 2. 上横杆 3. 下横杆
4. 腹杆 5. 加强杆(1.2m 高门架没有加强杆)

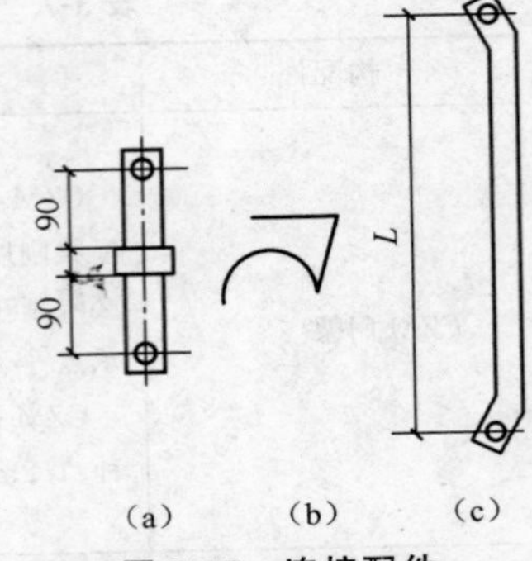

图 3-27 连接配件

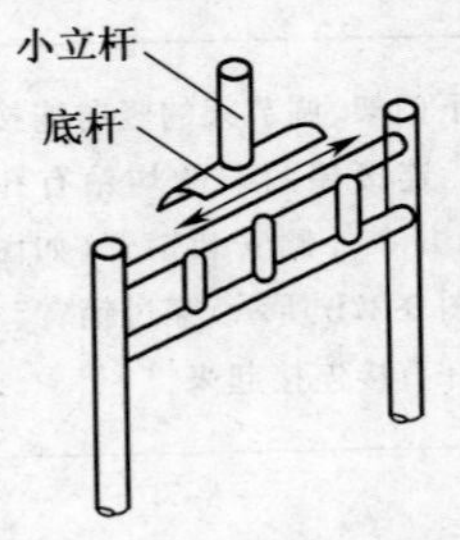

图 3-28 加载支座图

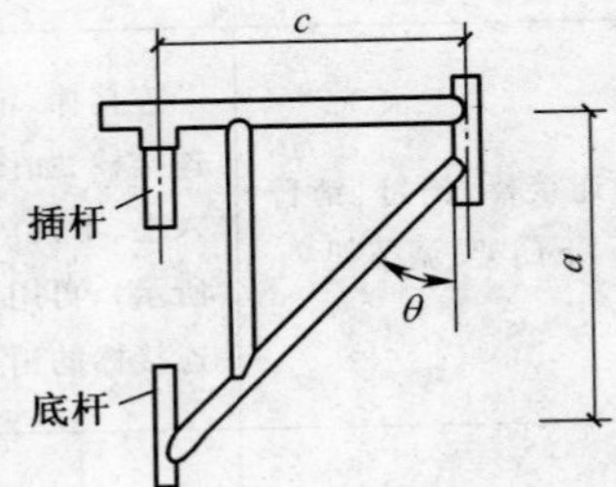

图 3-29 三角支承架

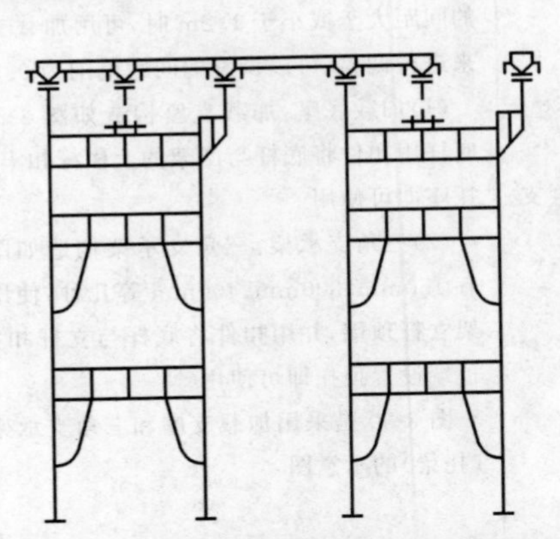

图 3-30 采用加载支座、三角支承架调整荷载作用点

第七节　烟囱及水塔脚手架的构造

一、烟囱内脚手架的构造【高手知识】

如图 3-31 所示，烟囱内工作台由插杆、脚手板、吊架等部分组成，适用于高度在 40m 以下，烟囱的上口内径在 2m 以内的砖烟囱施工。

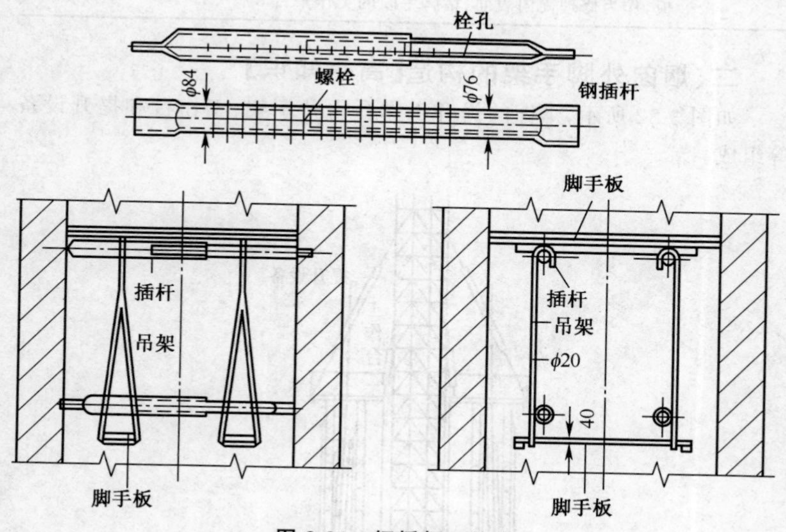

图 3-31　钢插杆工作台

烟囱工作台组成部分及特点见表 3-8。

表 3-8　烟囱工作台组成部分及特点

组成部分	特　点
插杆	插杆由两段粗细不同的无缝钢管制成，在管壁上钻有栓孔，栓孔的间距根据每步架的高度及筒身的坡度经计算确定。如每步架高为 1.2m，筒身坡度为 2.5%，则栓孔距离为 6cm。插杆的外径为 84mm，里管的外径用 76mm，插杆两头打扁以便支承在烟囱壁上；里外管的搭接长度要大于 30cm，以防弯曲，栓孔中插入螺栓，可以调节插杆的长短，以便随着筒身坡度的改变牢靠地支承在烟囱壁上

续表 3-8

组成部分	特　点
脚手板	脚手板用 5cm 厚的木板制成，可按烟囱内壁直径的大小，做成略小的近似半圆形，分 4 块支在插杆上，中间留出孔洞以检查烟囱中心位置，脚手架随烟囱的升高逐渐锯短铺设
吊架	吊架用 $\phi 20$ 的钢筋弯制而成，挂在插杆上，并在吊架之间搭设脚手板，作为修理筒内表面、堵脚手眼的工作平台

二、烟囱外脚手架的构造【高手知识】

如图 3-32 所示，烟囱的提升工作台由井字架、工作台和提升设备等组成。

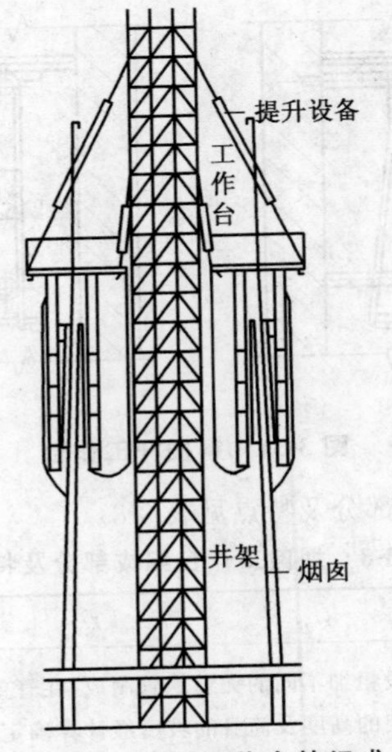

图 3-32　提升工作台的组成

三、水塔外脚手架的构造【高手知识】

水塔外脚手架的构造见表 3-9。

表 3-9　水塔外脚手架的构造

项目	内　容
立杆	杉篙立杆的间距不大于 1.4m，钢管立杆的间距不大于 1m，在井笼口和出口处的立杆间距不大于 2m。里排立杆离水塔壁最近距离为 40～50cm，外排立杆离水塔壁的距离不大于 2m 四角和每边中间的立杆必须使用"头顶头双戗杆"。架子高度在 30m 以上时，所有立杆应全部使用"头顶头双戗杆"。杉篙立杆的埋地深度不得小于 5cm
大横杆	大横杆的间距不大于 1.2m，封顶应绑双杆。杉篙大横杆的措接长度不得小于两根立杆
小横杆和脚手板	小横杆的间距不大于 1m，并需全部绑牢。脚手板必须满铺。操作平台并设两道护身栏杆和挡脚板。架子高度超过 10m 时，脚手板下方应加铺一层安全板，随每步架上升
剪刀撑和斜撑	剪刀撑四面必须绑到顶。高度超过 30m 的脚手架，剪刀撑必须用双杆 斜撑与地面的夹角不大于 60°。最下面的六步架应打腿戗
缆风绳与地锚	水塔外脚手架高度在 10～15m 时，应对称设一组缆风绳，每组 4～6 根。缆风绳用直径不小于 12.5mm 的钢丝蝇，与地面夹角为 45°～60°，必须单独牢固地拴在专设的地锚内，并用花篮螺丝调节松紧。缆风绳严禁拴在树木、电线杆等物体上，以确保安全 水塔外脚手架除第一组缆风绳外，架子每升高 10m 加设一组。脚手架支搭过程中应加临时缆风绳，待加固缆风绳设置好以后方可拆除
"之"字马道	附属于脚手架的"之"字马道，宽度不得小于 1m，坡度为 1：3，满铺脚手板并与小横杆绑牢，在其上加钉防滑条

＊操作技能篇＊

第四章　各种脚手架的搭设方法

第一节　落地扣件式脚手架的搭设

一、施工准备【新手知识】

(1)脚手架搭设前,应按专项施工方案向施工人员进行交底。

(2)应按建筑施工扣件式钢管脚手架安全技术规范的规定和脚手架专项施工方案要求对钢管、扣件、脚手板、可调托撑等进行检查验收,不合格产品不得使用。

(3)经检验合格的构配件应按品种、规格分类,堆放整齐、平稳,堆放场地不得有积水。

(4)应清除搭设场地杂物,平整搭设场地,并应使排水畅通。

二、搭设顺序【新手知识】

按建筑物平面形式放线→铺垫板→按立杆间距排放底座→摆放纵向扫地杆→逐根竖立杆→与纵向扫地杆扣紧→安放横向扫地杆→与立杆或纵向扫地杆扣紧→绑扎第一步纵向水平杆和横向水平杆→绑扎第二步纵向水平杆和横向水平杆→加设临时抛撑(设置两道连墙杆后可拆除)→绑扎第三、四步纵向水平杆和横向水平杆→设置连墙杆→绑扎横向斜撑→接立杆→绑扎剪刀撑→铺脚手板→安装护身栏和挡脚板→绑扎封顶杆→立挂安全网。

三、搭设要点【新手知识】

(1)单、双排脚手架必须配合施工进度搭设,一次搭设高度不应超过相邻连墙件以上两步；如果超过相邻连墙件以上两步，无法设置连墙件时，应采取撑拉固定等措施与建筑结构拉结。

(2)每搭完一步脚手架后，应按表 4-1 的规定校正步距、纵距、横距及立杆的垂直度。

表 4-1　脚手架搭设的技术要求、允许偏差与检验方法

<table>
<tr><th>项次</th><th colspan="2">项　目</th><th>技术要求</th><th colspan="2">允许偏差Δ/mm</th><th>示　意　图</th><th>检查方法与工具</th></tr>
<tr><td rowspan="5">1</td><td rowspan="5">地基基础</td><td>表面</td><td>坚实平整</td><td colspan="2" rowspan="4">—</td><td rowspan="5">—</td><td rowspan="5">观察</td></tr>
<tr><td>排水</td><td>不积水</td></tr>
<tr><td>垫板</td><td>不晃动</td></tr>
<tr><td rowspan="2">底座</td><td>不滑动</td></tr>
<tr><td>不沉降</td><td colspan="2">−10</td></tr>
<tr><td rowspan="11">2</td><td rowspan="11">单、双排与满堂脚手架立杆垂直度</td><td>最后验收立杆垂直度(20～50)m</td><td>—</td><td colspan="2">±100</td><td>Δ　Δ
H</td><td rowspan="11">用经纬仪或吊线和卷尺</td></tr>
<tr><td colspan="5">下列脚手架允许水平偏差/mm</td></tr>
<tr><td rowspan="2">搭设中检查偏差的高度/m</td><td colspan="4">总高度</td></tr>
<tr><td colspan="2">50m</td><td>40m</td><td>20m</td></tr>
<tr><td>H=2</td><td colspan="2">±7</td><td>±7</td><td>±7</td></tr>
<tr><td>H=10</td><td colspan="2">±20</td><td>±25</td><td>±50</td></tr>
<tr><td>H=20</td><td colspan="2">±40</td><td>±50</td><td>±100</td></tr>
<tr><td>H=30</td><td colspan="2">±60</td><td>±75</td><td></td></tr>
<tr><td>H=40</td><td colspan="2">±80</td><td>±100</td><td></td></tr>
<tr><td>H=50</td><td colspan="2">±100</td><td></td><td></td></tr>
<tr><td colspan="5">中间档次用插入法</td></tr>
</table>

续表 4-1

项次	项目		技术要求	允许偏差 Δ/mm	示意图	检查方法与工具
3	满堂支撑架立杆垂直度	最后验收垂直度 30m	—	±90		用经纬仪或吊线和卷尺
		下列满堂支撑架允许水平偏差/mm				
		搭设中检查偏差的高度/m		总高度 30m		
		$H=2$		±7		
		$H=10$		±30		
		$H=20$		±60		
		$H=30$		±90		
		中间档次用插入法				
4	单双排、满堂脚手架间距	步距	—	±20	—	钢板尺
		纵距	—	±50		
		横距	—	±20		
5	满堂支撑架间距	步距	—	±20	—	钢板尺
		立杆间距	—	±30		
6	纵向水平杆高差	一根杆的两端	—	±20	Δ; l_a l_a l_a	水平仪或水平尺
		同跨内两根纵向水平杆高差	—	±10	Δ; 1; 2	
7	剪刀撑斜杆与地面的倾角		45°～60°		—	角尺

续表 4-1

项次	项目		技术要求	允许偏差 Δ/mm	示意图	检查方法与工具
8	脚手板外伸长度	对接	$a=$ (130～150)mm $l\leqslant300$mm	—	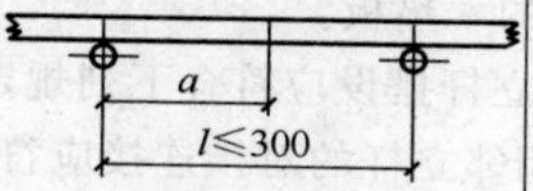 a　$l\leqslant300$	卷尺
		搭接	$a\geqslant100$mm $l\geqslant200$	—	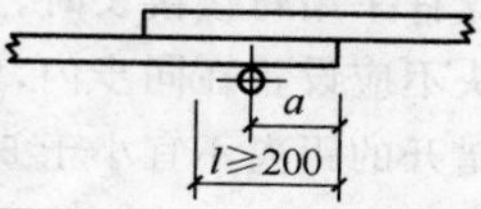 a　$l\geqslant200$	卷尺
9	扣件安装	主节点处各扣件中心点相互距离	$a\leqslant150$mm	—	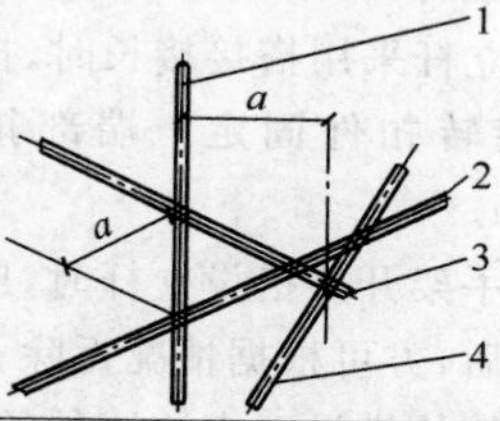 1 2 3 4 a a	钢板尺
		同步立杆上两个相隔对接扣件的高差	$a\geqslant500$mm	—	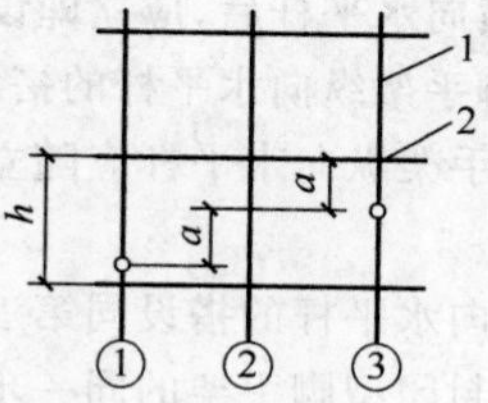 1 2 a a h ① ② ③	钢卷尺
		立杆上的对接扣件至主节点的距离	$a\leqslant h/3$			
		纵向水平杆上的对接扣件至主节点的距离	$a\leqslant l_a/3$	—	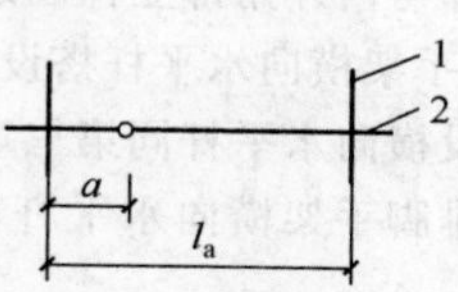 1 2 a l_a	钢卷尺
		扣件螺栓拧紧扭力矩	(40～65) N·m	—	—	扭力扳手

注：图中 1. 立杆；2. 纵向水平杆；3. 横向水平杆；4. 剪刀撑

(3)底座安放应符合下列规定：

1)底座、垫板均应准确地放在定位线上；

2)垫板应采用长度不少于2跨、厚度不小于50mm、宽度不小200mm的木垫板。

(4)立杆搭设应符合下列规定：

1)相邻立杆的对接连接应符合以下规定：

①当立杆采用对接接长时，立杆的对接扣件应交错布置，两根相邻立杆的接头不应设置在同步内，同步内隔一根立杆的两个相隔接头在高度方向错开的距离不宜小于500mm；各接头中心至主节点的距离不宜大于步距的1/3；

②当立杆采用搭接接长时，搭接长度应不小于1m，并应采用不少于2个旋转扣件固定。端部扣件盖板的边缘至杆端距离应不小于100mm。

2)脚手架开始搭设立杆时，应每隔6跨设置一根抛撑，直至连墙件安装稳定后，方可根据情况拆除；

3)当架体搭设至有连墙件的主节点时，在搭设完该处的立杆、纵向水平杆、横向水平杆后，应立即设置连墙件。

(5)脚手架纵向水平杆的搭设应符合下列规定：

1)脚手架纵向水平杆应随立杆按步搭设，并应采用直角扣件与立杆固定；

2)纵向水平杆的搭设同第三章第一节纵向水平杆构造要求；

3)在封闭型脚手架的同一步中，纵向水平杆应四周交圈设置，并应用直角扣件与内外角部立杆固定。

(6)脚手架横向水平杆搭设应符合下列规定：

1)搭设横向水平杆同第三章第一节横向水平杆构造要求；

2)双排脚手架横向水平杆的靠墙一端至墙装饰面的距离应不大于100mm；

3)单排脚手架的横向水平杆不应设置在下列部位：

①设计上不允许留脚手眼的部位；

②过梁上与过梁两端成60°角的三角形范围内及过梁净跨度1/2的高度范围内；

③宽度小于 1m 的窗间墙；

④梁或梁垫下及其两侧各 500mm 的范围内；

⑤砖砌体的门窗洞口两侧 200mm 和转角处 450mm 的范围内，其他砌体的门窗洞口两侧 300mm 和转角处 600mm 的范围内；

⑥墙体厚度小于或等于 180mm；

⑦独立或附墙砖柱，空斗砖墙、加气块墙等轻质墙体；

⑧砌筑砂浆强度等级小于或等于 M2.5 的砖墙。

(7)脚手架连墙件安装应符合下列规定：

1)连墙件的安装应随脚手架搭设同步进行，不得滞后安装；

2)当单、双排脚手架施工操作层高出相邻连墙件以上两步时，应采取确保脚手架稳定的临时拉结措施，直到上一层连墙件安装完毕后再根据情况拆除。

(8)脚手架剪刀撑与双排脚手架横向斜撑应随立杆、纵向和横向水平杆等同步搭设，不得滞后安装。

(9)脚手架门洞搭设同第三章第一节门洞的构造要求。

(10)扣件安装应符合下列规定：

1)扣件规格应与钢管外径相同；

2)螺栓拧紧扭力矩应不小于 40 N·m，且应不大于 65 N·m；

3)在主节点处固定横向水平杆、纵向水平杆、剪刀撑、横向斜撑等用的直角扣件、旋转扣件的中心点的相互距离应不大于 150mm；

4)对接扣件开口应朝上或朝内；

5)各杆件端头伸出扣件盖板边缘的长度应不小于 100mm。

(11)作业层、斜道的栏杆和挡脚板的搭设(如图 4-1 所示)应符合下列规定：

1)栏杆和挡脚板均应搭设在外立杆的内侧；

2)上栏杆上皮高度应为 1.2m；

3)挡脚板高度应不小于 180mm；

4)中栏杆应居中设置。

(12)脚手板的铺设应符合下列规定：

1)脚手板应铺满、铺稳，离墙面的距离应不大于 150mm；

2)采用对接或搭接时同第三章第一节脚手板构造要求；脚手板探

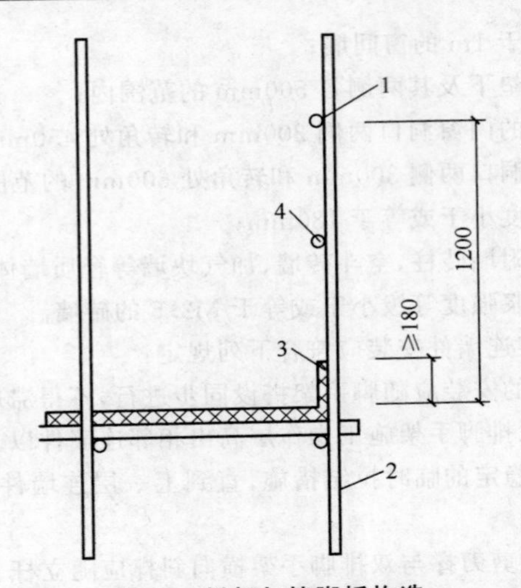

图 4-1 栏杆与挡脚板构造

1. 上栏杆 2. 外立杆 3. 挡脚板 4. 中栏杆

头应用直径 3.2mm 的镀锌钢丝固定在支承杆件上；

3)在拐角、斜道平台口处的脚手板，应用镀锌钢丝固定在横向水平杆上，防止滑动。

四、搭设注意事项【新手知识】

(1)扣件安装注意事项。

1)扣件规格必须与钢管规格相同。

2)扣件的螺栓拧紧度十分重要，扣件螺栓拧得太紧或太松都容易发生事故，若拧得过松，脚手架容易向下滑落；若拧得过紧，会使扣件崩裂和滑扣，使脚手架发生倒塌事故。扭力矩以 45～55 N·m 为宜，最大不超过 65 N·m。

3)扣件开口的朝向。对接扣件的开口应朝脚手架的内侧或朝下。连接纵向(或横向)水平杆与立杆的直角扣件开口要朝上，以防止扣件螺栓滑扣时水平杆脱落。

4)各杆件端头伸出扣件盖板边缘的长度应不小于 100mm。

(2)各杆件搭接注意事项，见表 4-2。

表 4-2　各杆件搭接注意事项

项目	注意事项
立杆	每根立杆底部应设置底座或垫板。要注意长短搭配使用，立杆接长除顶层顶步外，其余各层、各步接头必须采用对接扣件连接，相邻立杆的接头不得在同一高度内
纵向水平杆	纵向水平杆的接长宜采用对接扣件连接，也可采用搭接。对接扣件要求上下错开布置，如图 4-2 所示，两根相邻纵向水平杆的接头不得在同一步架内或同一跨间内；不同步或不同跨两个相邻接头在水平方向错开的距离应不小于 500mm，各接头中心至最近主节点的距离不宜大于纵距的 1/3 搭接时，搭接长度应不小于 1m，应等间距设置 3 个旋转扣件固定，端部扣件盖板边缘至搭接纵向水平杆杆端的距离应不小于 100mm，如图 4-3 所示
横向水平杆	主节点处必须设置一根横向水平杆，用直角扣件连接且严禁拆除

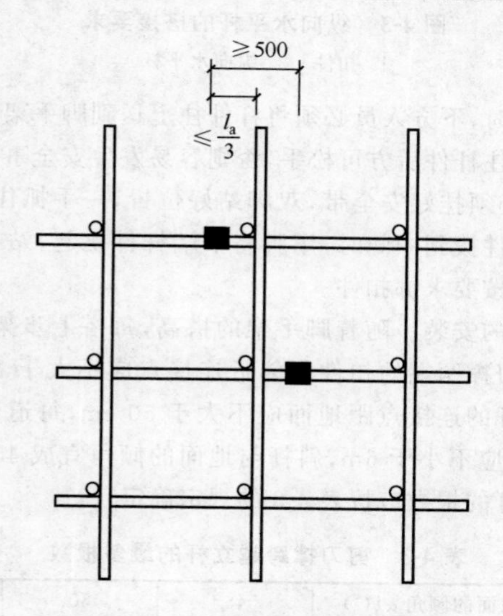

图 4-2　纵向水平杆接头布置

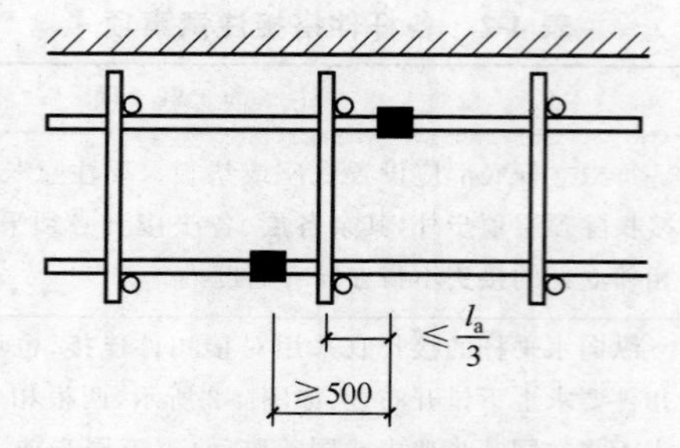

图 4-2 纵向水平杆接头布置(续)

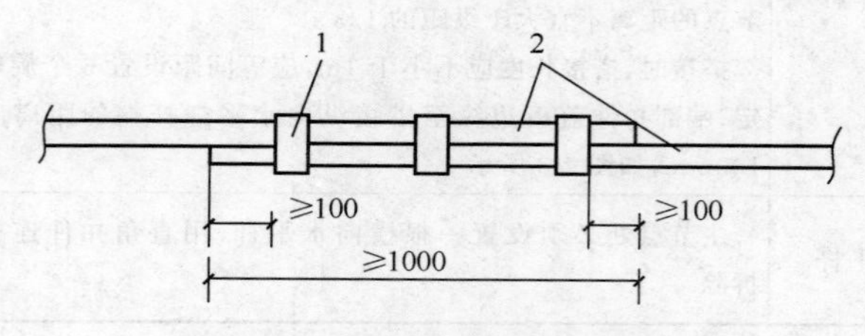

图 4-3 纵向水平杆的搭接要求

1. 扣件 2. 纵向水平杆

(3)在递杆时,下方人员必须将杆件往上送到脚手架上的上方人员手中,并等其接住杆件后方可松手,否则容易发生安全事故。在脚手架上的拨杆人员必须挂好安全带,双脚站好位置,一手抓住立杆,另一手向上拨杆,待杆件拨到中间时,用脚将下端杆件挑起,站在两端的操作人员立即接住,按要求绑扣件。

(4)剪刀撑的安装。随着脚手架的搭高,每搭七步架时,要及时安装剪刀撑。剪刀撑两端的扣件距邻近连接点应不大于 20 cm,最下一对剪刀撑与立杆的连接点距地面应不大于 50 cm,每道剪刀撑宽度应不小于 4 跨,且应不小于 6m,斜杆与地面的倾角宜成 45°～60°。每道剪刀撑跨越立杆的根数应按表 4-3 的规定确定。

表 4-3 剪刀撑跨越立杆的最多根数

剪刀撑斜杆与地面的倾角 α/(°)	45	50	60
剪刀撑跨越立杆的最多根数 n/根	7	6	5

剪刀撑斜杆的接长宜采用搭接。剪刀撑斜杆用旋转扣件固定在与之相交的横向水平杆的伸出端或立杆上，旋转扣件中心线至主节点的距离应不大于150mm。

(5)连墙件的安装。当钢管脚手架搭设较高(三步架以上)、无法支撑斜撑时，为了不使钢管脚手架往外倾斜，应设连墙件与墙体拉结牢固。

连墙件应从底层第一步纵向水平杆处开始设置，宜靠近主节点设置，偏离主节点的距离应不大于300mm；要求上下错开、拉结牢固；宜优先采用菱形布置，也可采用方形、矩形布置。

对高度在24m以下的单、双排脚手架，宜采用刚性连墙件与建筑物可靠连接，亦可采用拉筋和顶撑配合使用的附墙连接方式。严禁使用仅有拉筋的柔性连墙件。对高度在24m以上的双排脚手架，必须采用刚性连墙件与建筑物可靠连接。

第二节　落地碗扣式钢管脚手架的搭设

一、落地碗扣式钢管脚手架搭设顺序【新手知识】

安放立杆底座或立杆可调底座→竖立杆、安放扫地杆→安装底层(第一步)横杆→安装斜杆→接头锁紧→铺放脚手板→安装上层立杆→紧立杆连接销，安装横杆→设置连墙件→设置人行梯，设置剪刀撑→挂设安全网。操作时，一般由1～2人递送材料，另外2人配合组装。

二、落地碗扣式钢管脚手架搭设要求【高手知识】

1. 竖立杆、安放扫地杆

根据脚手架施工方案处理好地基后，在立杆的设计位置放线，即可安放立杆垫座或可调底座，并竖立杆。

为避免立杆接头处于同一水平面，在平整的地基上脚手架底层的立杆应选用3.0m和1.8m两种不同长度的立杆互相交错、参差布置。之后在同一层中采用相同长度、同一规格的立杆接长。到架子顶部时再分别用1.8m和3.0m两种不同长度的立杆找齐。

在地势不平的地基上，或者是高层及重载脚手架应采用立杆可调底座，以便调整立杆的高度。当相邻立杆地基高差小于0.6m时，可直接用立杆可调底座调整立杆高度，使立杆碗扣接头处在同一水平面内；当相邻立杆地基高差大于0.6m时，则先调整立杆节间(即对于高差超过0.6m的地基，立杆相应增长一个长0.6m的节间)，使同一层碗扣接头高差小于0.6m，再用立杆可调底座调整高度，使其处于同一水平面内，如图4-4所示。

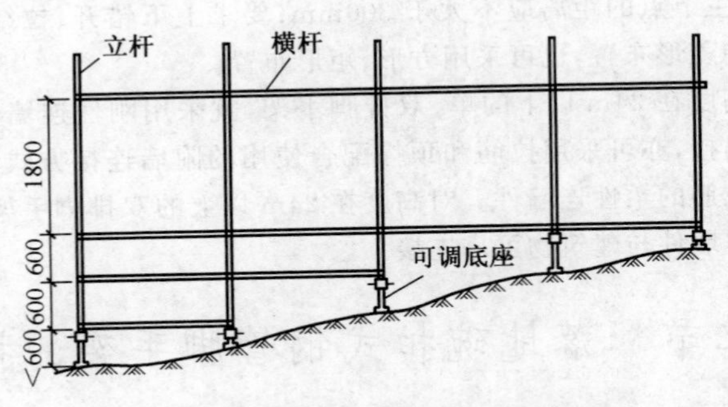

图4-4 地基不平时立杆及其底座的设置

在竖立杆时应及时设置扫地杆，将所竖立杆连成一整体，以保证立杆的整体稳定性。立杆同横杆的连接是靠碗扣接头锁定，连接时，先将立杆上碗扣滑至限位销以上并旋转，使其搁在限位销上，将横杆接头插入立杆下碗扣，待应装横杆接头全部装好后，落下上碗扣并予以顺时针旋转锁紧。

2. 安装底层(第一步)横杆

碗扣式钢管脚手架的步距为600mm的倍数，一般采用1.8m，只有在荷载较大或较小的情况下，才采用1.2m或2.4m。

单排碗扣式脚手架的单排横杆一端焊有横杆接头，可用碗扣接头与脚手架连接固定，另一端带有活动夹板，将横杆与建筑结构整体夹紧，其构造如图4-5所示。

碗扣式钢管脚手架的底层组架最为关键，当组装完两层横杆(即安装完第一步横杆)后，应进行下列检查：

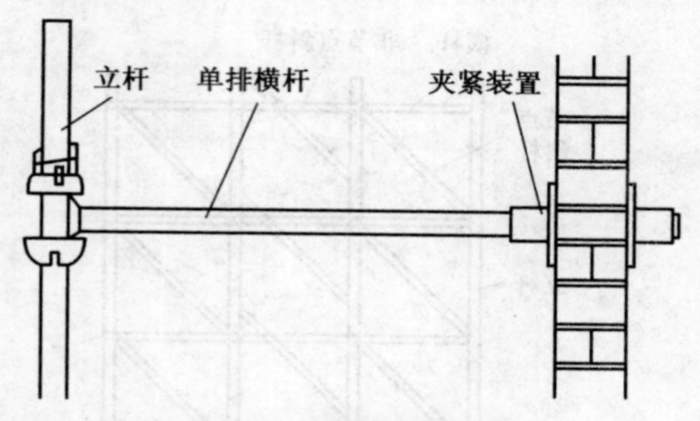

图 4-5　单排横杆设置构造

(1)检查并调整水平框架(同一水平面上的四根横杆)的直角度和纵向直线度(对曲线布置的脚手架应保证立杆的正确位置)。

(2)检查横杆的水平度,并通过调整立杆可调底座使横杆间的水平偏差小于 $L/400$。

(3)逐个检查立杆底脚,并确保所有立杆不能有浮地松动现象。

(4)当底层架子符合搭设要求后,检查所有碗扣接头,并予以锁紧。在搭设过程中,应随时注意检查上述内容,并调整。

3. 安装斜杆和剪刀撑

斜杆一般采用碗扣式钢管脚手架配套的系列斜杆,也可以用钢管和扣件代替。

(1)当采用碗扣式系列斜杆时,斜杆同立杆连接的节点可装成节点斜杆(即斜杆接头同横杆接头装在同一碗扣接头内)或非节点斜杆(即斜杆接头同横杆接头不装在同一碗扣接头内)。一般斜杆应尽可能设置在框架结点上。若斜杆不能设置在节点上时,应呈错节布置,装成非节点斜杆,如图 4-6 所示。

(2)利用钢管和扣件安装斜杆时,斜杆的设置更加灵活,可不受碗扣接头内允许装设杆件数量的限制。特别是设置大剪刀撑,包括安装竖向剪刀撑、纵向水平剪刀撑时,还能使脚手架的受力性能得到改善。

各个杆件的搭设要求见表 4-4。

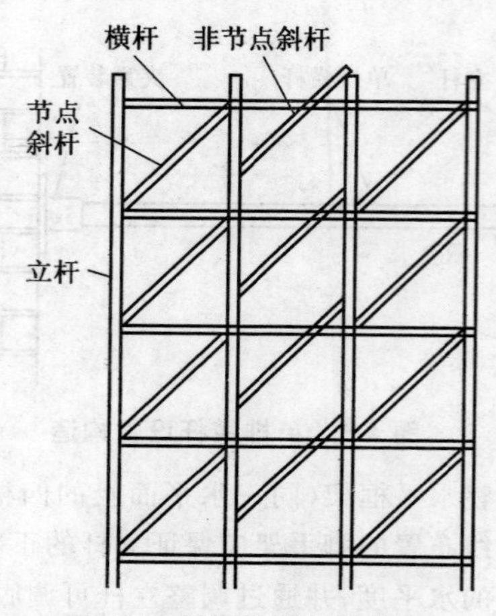

图 4-6 斜杆布置构造图

表 4-4 各个杆件的搭设要求

类型	要 求
横向斜杆（廊道斜杆）	在脚手架横向框架内设置的斜杆称为横向斜杆（廊道斜杆）。由于横向框架失稳是脚手架的主要破坏形式，因此，设置横向斜杆对于提高脚手架的稳定强度尤为重要 对于一字形及开口形脚手架，应在两端横向框架内沿全高连续设置节点斜杆；高度 30m 以下的脚手架，中间可不设横向斜杆；30m 以上的脚手架，中间应每隔 5～6 跨设一道沿全高连续设置的横向斜杆；高层建筑脚手架和重载脚手架，除按上述构造要求设置横向斜杆外，荷载不小于 25kN 的横向平面框架应增设横向斜杆 用碗扣式斜杆设置横向斜杆时，在脚手架的两端框架可设置节点斜杆，如图 4-7a 所示，中间框架只能设置成非节点斜杆，如图 4-7b 所示 当设置高层卸荷拉结杆时，必须在拉结点以上第一层加设横向水平斜杆，以防止水平框架变形

续表 4-4

类型	要　　求
纵向斜杆	在脚手架的拐角边缘及端部，必须设置纵向斜杆，中间部分则可均匀地间隔分布，纵向斜杆必须两侧对称布置 脚手架中设置纵向斜杆的面积与整个架子面积的比值要求见表 4-5 竖向剪刀撑的设置应与纵向斜杆的设置相配合。高度在 30m 以下的脚手架，可每隔 4～6 跨设一道沿全高连续设置的剪刀撑，每道剪刀撑跨越 5～7 根立杆，设剪刀撑的跨内可不再设碗扣式斜杆。30m 以上的高层建筑脚手架，应沿脚手架外侧及全高方向连续布置剪刀撑，在两道剪刀撑之间设碗扣式纵向斜杆，其设置构造如图 4-8 所示
纵向水平剪刀撑	纵向水平剪刀撑可增强水平框架的整体性和均匀传递连墙撑的作用。30m 以上的高层建筑脚手架应每隔 5～13 步架设置一层连续、闭合的纵向水平剪刀撑，如图 4-9 所示

图 4-7　横向斜杆的设置

表 4-5　纵向斜布置数量

架高	<30m	30～50m	>50m
设置要求	>1/4	>1/3	>1/2

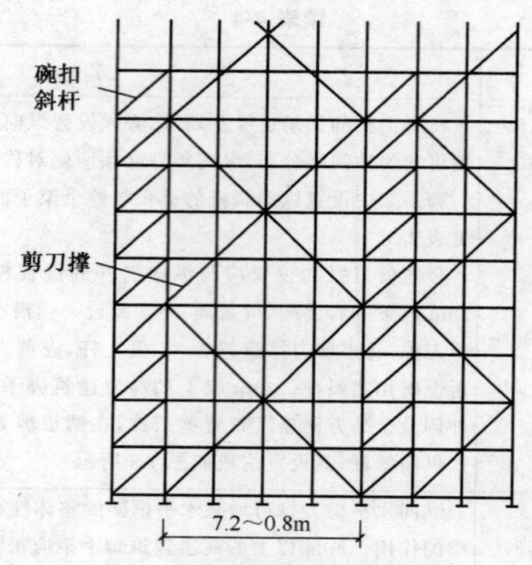

图 4-8　竖向剪刀撑设置构造

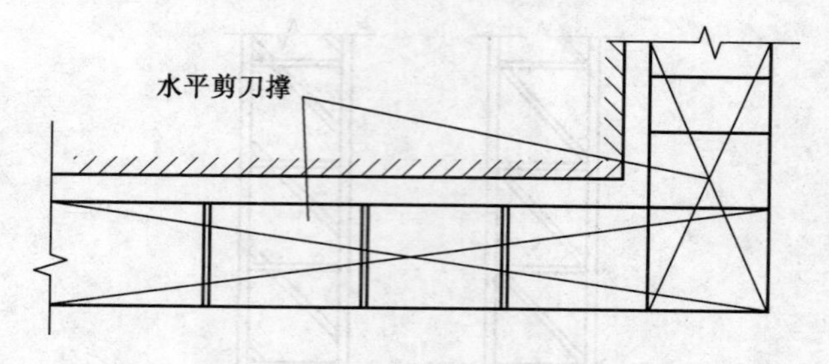

图 4-9　纵向水平剪刀撑布置

4. 设置连墙件

连墙件是脚手架与建筑物之间的连接件，除防止脚手架倾倒，承受偏心荷载和水平荷载作用外，还可加强稳定约束、提高脚手架的稳定承载能力。

(1)连墙件的构造有 3 种，见表 4-6。

(2)连墙件设置要求。

1)连墙件必须随脚手架的升高，在规定的位置上及时设置，不得在脚手架搭设完后补安装，也不得任意拆除。

表 4-6　连墙件构造

项目	内　　容
砖墙缝固定法	砌筑砖墙时，预先在砖缝内埋入螺栓，然后将脚手架框架用连接杆与其相连，如图 4-10a 所示
混凝土墙体固定法	按脚手架施工方案的要求，预先埋入钢件，外带接头螺栓，脚手架搭到此高度时，将脚手架框架与接头螺栓固定，如图 4-10b 所示
膨胀螺栓固定法	在结构物上，按设计位置用射枪射入膨胀螺栓，然后将框架与膨胀螺栓固定，如图 4-10c 所示

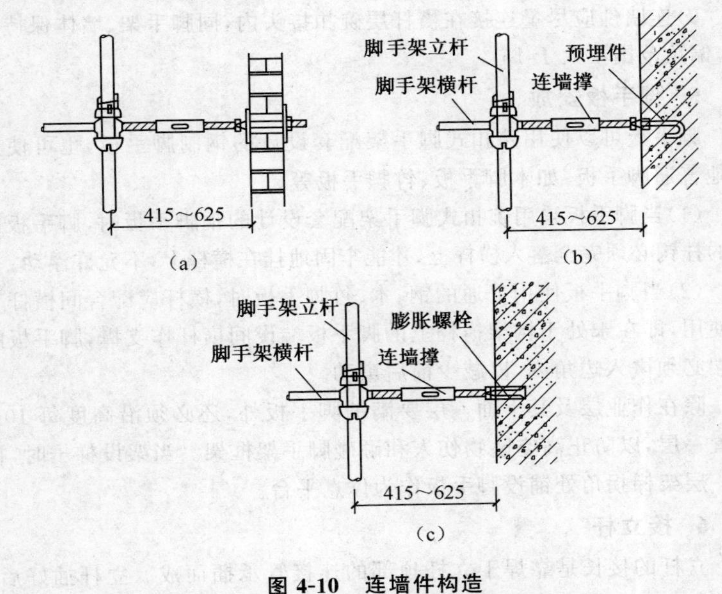

图 4-10　连墙件构造

(a)砖墙缝固定法　(b)混凝土墙体固定法　(c)膨胀螺栓固定法

2)一般情况下，对高度在 30m 以下的脚手架，连墙件可按四跨三步布置一个(约 40m)；对于高层及重载脚手架，则要适当加密，50m 以下的脚手架至少应三跨三步布置一个(约 25m)；50m 以上的脚手架至少应三跨二步布置一个(约 20m)。

3)单排脚手架要求在二跨三步范围内设置一个。

4)在建筑物的每一楼层都必须设置连墙件。

5)连墙件的布置尽量采用梅花形布置，相邻两点的垂直间距不大于4.0m，水平距离不大于4.5m。

6)凡设置宽挑梁、提升滑轮、高层卸荷拉结杆及物料提升架的地方均应增设连墙件。

7)凡在脚手架设置安全网支架的框架层处，必须在该层的上、下节点各设置一个连墙件，水平每隔两跨设置一个连墙件。

8)连墙件安装时要注意调整脚手架与墙体间的距离，使脚手架保持垂直，严禁向外倾斜。

9)连墙件应尽量连接在横杆层碗扣接头内，同脚手架、墙体保持垂直，偏角范围不大于15°。

5. 脚手板安放

脚手板可以使用碗扣式脚手架配套设计的钢制脚手板，也可使用其他普通脚手板，如木脚手板、竹脚手板等。

(1)当脚手板采用碗扣式脚手架配套设计的钢脚手板时，脚手板两端的挂钩必须完全落入横杆上，才能牢固地挂在横杆上，不允许浮动。

(2)当脚手板使用普通的钢、木、竹脚手板时，横杆应配合间横杆一块使用，即在未处于构架横杆上的脚手板端设间横杆作支撑，脚手板的两端必须嵌入边角内，以减少前后窜动。

除在作业层及其下面一层要满铺脚手板外，还必须沿高度每10m设置一层，以防止高空坠物伤人和砸碰脚手架框架。当架设梯子时，在每一层架梯拐角处铺设脚手板作为休息平台。

6. 接立杆

立杆的接长是靠焊于立杆顶部的连接管承插而成。立杆插好后，使上部立杆底端连接孔同下部立杆顶部连接孔对齐，插入立杆连接销锁定即可。安装横杆、斜杆和剪刀撑，重复以上操作，并随时检查、调整脚手架的垂直度。

脚手架的垂直度一般通过调整底部的可调底座、垫薄钢片、调整连墙件的长度等来达到。

7. 斜道板和人行架梯安装

(1)斜道板安装。作为行人或小车推行的栈道，一般规定在1.8m

跨距的脚手架上使用，坡度为 1∶3，在斜道板框架两侧设置横杆和斜杆作为扶手和护栏，而在斜脚手板的挂钩点（图中 A、B、C 处）必须增设横杆，其布置如图 4-11 所示。

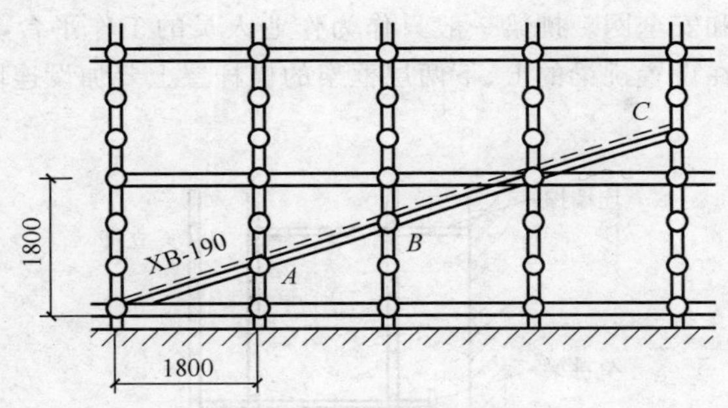

图 4-11　斜道板安装

（2）人行架梯安装。人行架梯设在 1.8m×1.8m 的框架内，上面有挂钩，可以直接挂在横杆上。架梯宽为 540mm，一般在 1.2m 宽的脚手架内布置两个成折线形架设上升，在脚手架靠梯子一侧安装斜杆和横杆作为扶手。人行架梯转角处的水平框架上应铺脚手板作为平台，立面框架上安装横杆作为扶手，如图 4-12 所示。

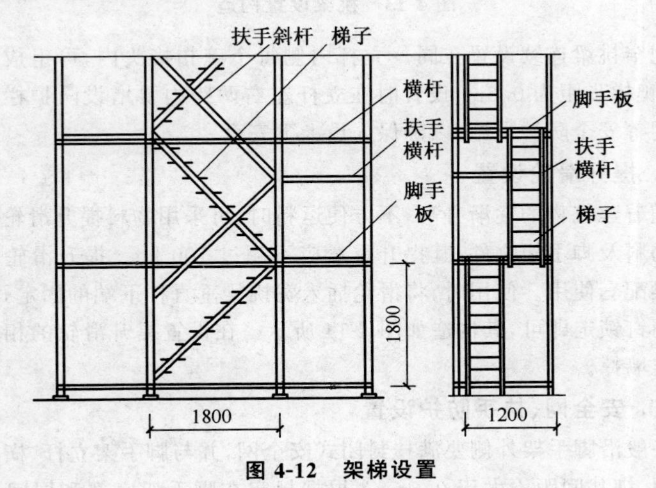

图 4-12　架梯设置

8. 挑梁和简易爬梯的设置

当遇到某些建筑物有倾斜或凹进凸出时，窄挑梁上可铺设一块脚手板；宽挑梁上可铺设两块脚手板，其外侧立柱可用立杆接长，以便装防护栏杆和安全网。挑梁一般只作为作业人员的工作平台，不允许堆放重物。在设置挑梁的上、下两层框架的横杆层上要加设连墙撑，如图4-13所示。

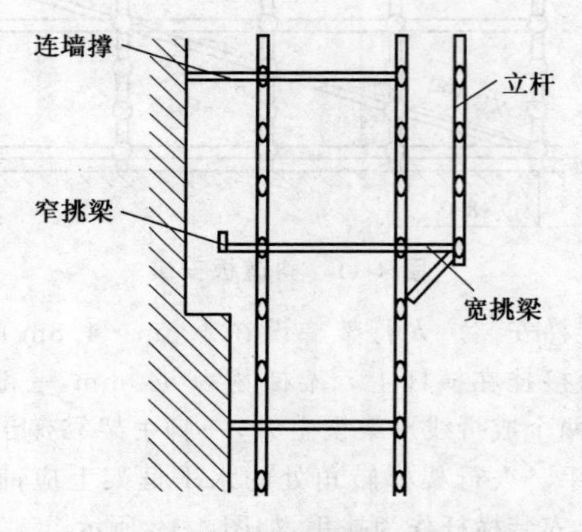

图 4-13 挑梁设置构造

把窄挑梁连续设置在同一立杆内侧每个碗扣接头内，可组成简易爬梯，爬梯步距为0.6m，设置时在立杆左右两跨内要增设防护栏杆和安全网等安全防护设施，以确保人员上下安全。

9. 提升滑轮设置

随着建筑物的逐渐升高，不方便运料时，可采用物料提升滑轮来提升小物料及脚手架物件，其提升重量应不超过100 kg。提升滑轮要与宽挑梁配套使用。使用时，将滑轮插入宽挑梁垂直杆下端的固定孔中，并用销钉锁定即可，其构造如图4-14所示。在设置提升滑轮的相应层加设连墙撑。

10. 安全网、扶手防护设置

一般沿脚手架外侧要满挂封闭式安全网，并与脚手架立杆、横杆绑扎牢固，绑扎间距不大于0.3m 。根据规定在脚手架底部和层间设置

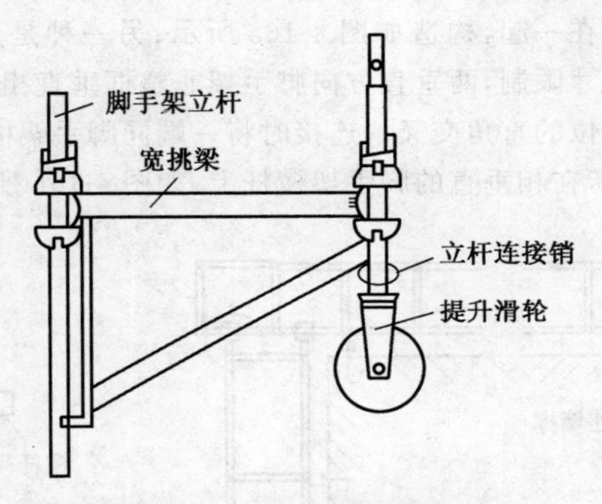

图 4-14　提升滑轮布置构造

水平安全网。碗扣式脚手架配备有安全网支架，可直接用碗扣接头固定在脚手架上，安装方便，其结构布置如图 4-15 所示。扶手设置参考扣件式脚手架。

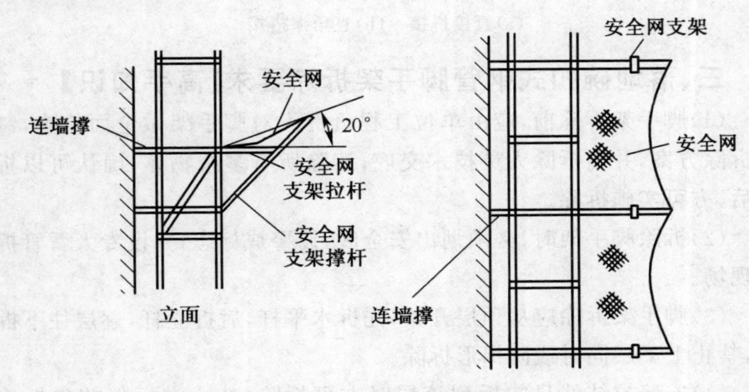

图 4-15　挑出安全网布置

11. 直角交叉

对一般方形建筑物的外脚手架在拐角处两直角交叉的排架要连在一起，以增强脚手架的整体稳定性。

连接形式有两种：一种是直接拼接法，即当两排脚手架刚好整框垂直相交时，可直接将两垂直方向的横杆连接在同一碗扣接头内，从而将两排脚手架连在一起，构造如图 4-16a 所示；另一种是直角撑搭接法，当受建筑物尺寸限制，两垂直方向脚手架非整框垂直相交时，可用直角撑实现任意部位的直角交叉。连接时将一端同脚手架横杆装在同一接头内，另一端卡在相垂直的脚手架横杆上，如图 4-16b 所示。

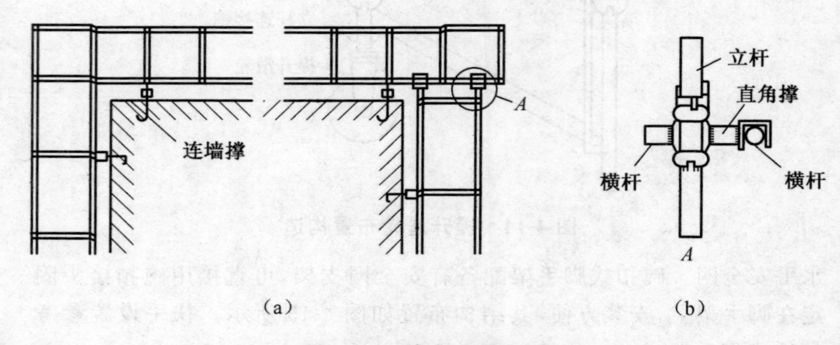

图 4-16 直角交叉构造

(a)直接拼接 (b)直角撑搭接

三、落地碗扣式钢管脚手架拆除要求【高手知识】

(1)脚手架拆除前，应由单位工程负责人对脚手架做全面检查，制定拆除方案，并向拆除人员技术交底，清除所有多余物体，确认可以拆除后，方可实施拆除。

(2)拆除脚手架时，必须划出安全区，设警戒标志，并设专人看管拆除现场。

(3)脚手架拆除应从顶层开始，先拆水平杆，后拆立杆，逐层往下拆除，禁止上下层同时或阶梯形拆除。

(4)连墙拉结件只能拆到该层时方可拆除，禁止在拆架前先拆连墙杆。

(5)局部脚手架如需保留时，应有专项技术措施，经上一级技术负责人批准，安全部门及使用单位验收，办理签字手续后方可使用。

(6)拆除后的部件均应成捆，用吊具送下或人工搬下，禁止从高空往下抛掷。拆除到地面的构配件应及时清理、维护，并分类堆放，以便运输和保管。

第三节　落地门式钢管外脚手架的搭设

一、落地门式钢管外脚手架搭设原则【新手知识】

门式钢管脚手架的搭设应自一端延伸向另一端，由下而上按步架设，并逐层改变搭设方向，以减少架设误差。不得自两端同时向中间进行或相同搭设，以避免接合部位错位，难于连接。脚手架的搭设速度应与建筑结构施工进度相配合，一次搭设高度不应超过最上层连墙杆三步，或自由高度不大于6m，以保证脚手架的稳定。

二、落地门式钢管外脚手架搭设形式【新手知识】

门式钢管脚手架搭设形式通常有两种：一种是每三列门架用两道剪刀撑相连，其间每隔3～4榀门架高设一道水平撑；另一种是在每隔一列门架用一道剪刀撑和水平撑相连。

三、落地门式钢管外脚手架搭设顺序【高手知识】

铺设垫木(板)→拉线、安放底座→自一端起立门架并随即装交叉支撑(底步架还需安装扫地杆、封口杆)→安装水平架(或脚手板)，安装钢梯→(需要时，安装水平加固杆)装设连墙杆→重复上述步骤逐层向上安装→按规定位置安装剪刀撑→安装顶部栏杆，挂立杆安全网。

四、落地门式钢管外脚手架搭设要求【高手知识】

(1)门式脚手架与模板支架的搭设程序应符合下列规定：

1)门式脚手架的搭设应与施工进度同步，一次搭设高度不宜超过最上层连墙件两步，且自由高度不应大于4m；

2)满堂脚手架和模板支架应采用逐列、逐排和逐层的方法搭设；

3)门架的组装应自一端向另一端延伸，应自下而上按步架设，并应逐层改变搭设方向；不应自两端相向搭设或自中间向两端搭设；

4)每搭设完两步门架后，应校验门架的水平度及立杆的垂直度。

(2)搭设门架及配件应符合下列要求：

1)交叉支撑、脚手板应与门架同时安装；

2)连接门架的锁臂、挂钩必须处于锁住状态；

3)钢梯的设置应符合专项施工方案组装布置图的要求，底层钢梯底部应加设钢管并应采用扣件扣紧在门架立杆上；

4)在施工作业层外侧周边应设置 180mm 高的挡脚板和两道栏杆，上道栏杆高度应为 1.2m，下道栏杆应居中设置。挡脚板和栏杆均应设置在门架立杆的内侧。

(3)加固杆的搭设应符合下列要求：

1)水平加固杆、剪刀撑等加固杆件必须与门架同步搭设；

2)水平加固杆应设于门架立杆内侧，剪刀撑应设于门架立杆外侧。

(4)门式脚手架连墙件的安装必须符合下列规定：

1)连墙件的安装必须随脚手架搭设同步进行，严禁滞后安装；

2)当脚手架操作层高出相邻连墙件以上两步时，在连墙件安装完毕前必须采用确保脚手架稳定的临时拉结措施。

(5)加固杆、连墙件等杆件与门架采用扣件连接时，应符合下列规定：

1)扣件规格应与所连接钢管的外径相匹配；

2)扣件螺栓拧紧扭力矩值应为 40～65N·m；

3)杆件端头伸出扣件盖板边缘长度不应小于 100mm。

(6)悬挑脚手架的搭设前应检查预埋件和支承型钢悬挑梁的混凝土强度。

(7)斜撑杆、托架梁及通道口两侧的门架立杆加强杆件应与门架同步搭设，严禁滞后安装。

(8)满堂脚手架与模板支架的可调底座、可调托座宜采取防止砂浆、水泥浆等污物填塞螺纹的措施。

第四节　悬挑式脚手架的搭设

一、悬挑式脚手架搭设要求【新手知识】

外挑式扣件钢管脚手架与一般落地式扣件钢管脚手架的搭设要求基本相同。高层建筑采用分段外挑脚手架时，脚手架的技术要求见表 4-7。

表 4-7　分段式外挑脚手架技术要求

允许荷载/(N/m²)	立杆最大间距/mm	纵向水平杆最大间距/mm	横向水平杆间距/mm		
			脚手板厚度/mm		
			30	43	50
1000	2700	1350	2000	2000	2000
2000	2400	1200	1400	1400	1750
3000	2000	1000	2000	2000	2200

二、支撑杆式悬挑脚手架搭设顺序【高手知识】

水平横杆→纵向水平杆→双斜杆→内立杆→加强短杆→外立杆→脚手板→栏杆→安全网→上一步架的横向水平杆→连墙杆→水平横杆与预埋环焊接。按上述搭设顺序一层一层搭设，每段搭设高度以 6 步为宜，并在下面支设安全网。

三、挑梁式脚手架搭设顺序【高手知识】

安置型钢挑梁(架)→安装斜撑压杆→斜拉吊杆(绳)→安放纵向钢梁→搭设脚手架或安放预先搭好的脚手架。每段搭设高度以 12 步为宜。

四、悬挑式脚手架搭设施工要点【高手知识】

(1)连墙杆的设置。根据建筑物的轴线尺寸，在水平方向应每隔 3 跨(隔 6m)设置一个，在垂直方向应每隔 3～4m 设置一个，并要求各点互相错开，形成梅花状布置。

(2)连墙杆的做法。在钢筋混凝土结构中预埋铁件，然后用∟100×63×10 的角钢，一端与预埋件焊接，另一端与连接短管用螺栓连接，如图 4-17 所示。

(3)垂直控制。搭设时，要严格控制分段脚手架的垂直度，垂直度偏差：第一段不得超过 1/400；第二段、第三段不得超过 1/200。

脚手架的垂直度要随搭随检查，发现超过允许偏差时，应及时

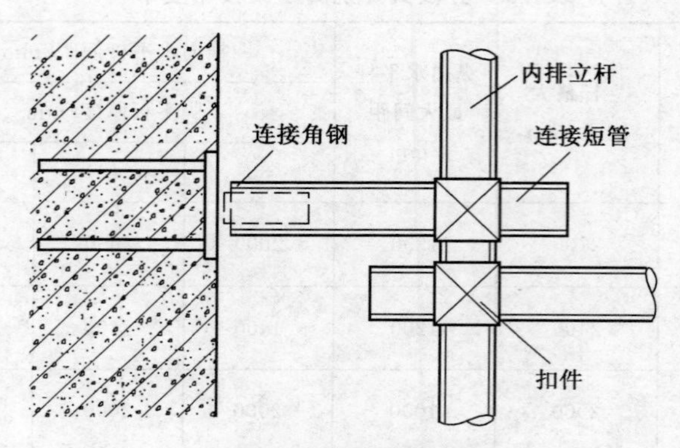

图 4-17 连墙杆作法

纠正。

(4)脚手板铺设。脚手架的底层应满铺厚木脚手板,其上各层可满铺薄钢板冲压成的穿孔轻型脚手板。

(5)安全防护措施。脚手架中各层均应设置护栏、踢脚板和扶梯。

脚手架外侧和单个架子的底面用小眼安全网封闭,架子与建筑物要保持必要的通道。

(6)挑梁式挑脚手架立杆与挑梁(或纵梁)的连接,应在挑梁(或纵梁)上焊 150～200mm 长钢管,其外径比脚手架立杆内径小 1.0～1.5mm,用接长扣件连接,同时在立杆下部设 1～2 道扫地杆,以确保架子的稳定。

(7)悬挑梁与墙体结构的连接,应预埋铁件或留好孔洞,保证连接可靠,不得随便打凿孔洞,破坏墙体。各支点要与建筑物中的预埋件连接牢固。挑梁、拉杆与结构的连接可参考如图 4-18、图 4-19 所示的方法。

(8)斜拉杆(绳)应装有收紧装置,以使拉杆收紧后能承担荷载。

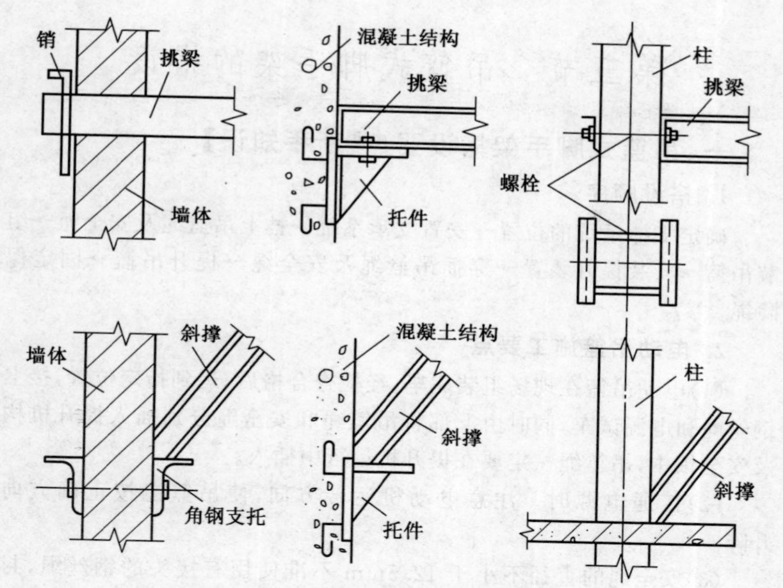

图 4-18　下撑式挑梁与结构的连接

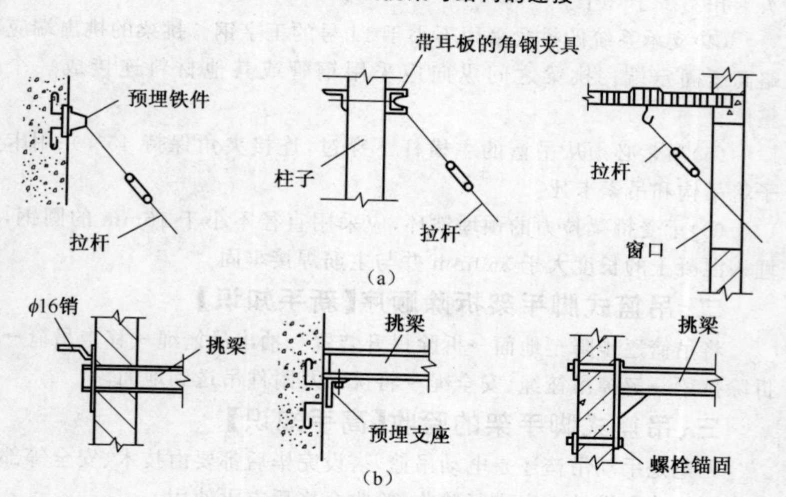

图 4-19　斜拉式挑梁与结构的连接

(a)斜拉杆与结构连接方式　(b)悬挑梁的连接方式

第五节　吊篮式脚手架的搭设

一、吊篮式脚手架搭设要点【新手知识】

1. 搭设顺序

确定支撑系统的位置→安置支承系统→挂上吊篮绳及安全绳→组装吊篮→安装提升装置→穿插吊篮绳及安全绳→提升吊篮→固定保险绳。

2. 电动吊篮施工要点

(1)电动吊篮在现场组装完毕,经检查合格后,运到指定位置,接上钢丝绳和电源试车,同时由上部将吊篮绳和安全绳分别插入提升机构及安全锁中,吊篮绳一定要在提升机运行中插入。

(2)接通电源时。注意电动机运转方向,使吊篮能按正确方向升降。

(3)安全绳的直径不小于 12.5mm 不准使用有接头的钢丝绳,封头卡扣不少于 3 个。

(4)支承系统的挑梁采用不小于 14 号的工字钢。挑梁的挑出端应略高于固定端。挑梁之间纵向应采用钢管或其他材料连接成一个整体。

(5)吊索必须从吊篮的主横杆下穿过,连接夹角保持 45°,并用卡子将吊钩和吊索卡死。

(6)承受挑梁拉力的预埋铁环,应采用直径不小于 16mm 的圆钢,埋入混凝土的长度大于 360mm 并与主筋焊接牢固。

二、吊篮式脚手架拆除顺序【新手知识】

将吊篮逐步降至地面→拆除提升装置→抽出吊篮绳→移走吊篮→拆除挑梁→解掉吊篮绳、安全绳→将挑梁及附件吊送到地面。

三、吊篮式脚手架的验收【高手知识】

无论是手动吊篮还是电动吊篮,搭设完毕后都要由技术、安全等部门依据规范和设计方案进行验收,验收合格后方可使用。

四、吊篮式脚手架的检查【高手知识】

(1)屋面支承系统的悬挑长度是否符合设计要求,与结构的连接是否牢固可靠,配套的位置和配套量是否符合设计要求。

(2)检查吊篮绳、安全绳、吊索。

(3)5 级及 5 级以上大风及大雨、大雪后应进行全面检查。

五、吊篮的安全管理【高手知识】

(1)吊篮组装前施工负责人、技术负责人要根据工程情况编制吊篮组装施工方案和安全措施,并组织验收。

(2)组装吊篮所用的料具要认真验选,用焊件组合的吊篮,焊件要经技术部门检验合格,方准使用。

(3)吊篮脚手架使用荷载不准超过 120 kg/m^2。吊篮上的人员和材料要对称分布,不得集中在一头,保证吊篮两端负载平衡。

(4)吊篮脚手架提升时,操作人员不准超过 2 人。

(5)严禁在吊篮的防护以外和护头棚上作业。任何人不准擅自拆改吊篮,因工作需要必须改动时,要将改动方案报技术、安全部门和施工负责人批准后,由架子工拆改。架子工拆改后,须经有关部门验收后,方准使用。

(6)5 级大风天气,严禁作业。在大风、大雨、大雪等恶劣天气过后,施工人员要全面检查吊篮,保证安全使用。

第六节　爬架的搭设

一、爬架的搭设【高手知识】

导轨式爬架应在操作工作平台上进行搭设组装。工作平台面应低于楼面 300～400mm,高空操作时,平台应有防护措施。脚手架架体可采用碗扣式或扣件式钢管脚手架,其搭设方法和要求与常规搭设基本相同。

(1)选择安装起始点、安放起始点、安放提升滑轮组并搭设底部架子。

1)脚手架安装的起始点一般选在爬架的爬升机构位置不需要调整

的地方，如图 4-20 所示。

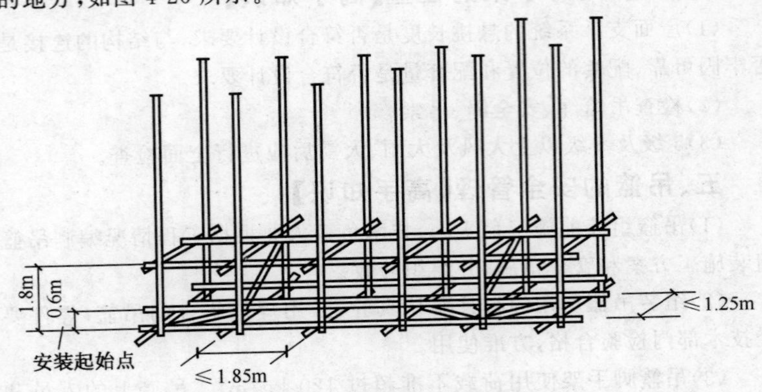

图 4-20　底部架子搭设

2)安装提升滑轮组一并和架子中与导轨位置相对应的立杆连接，并以此立杆为准(向一侧或两侧)依次搭设底部架。

脚手架的步距为 1.8m，最底一步架增设一道纵向水平杆，距底的距离为 600mm，跨距不大于 1.85m，宽度不大于 1.25m。

最底层应设置纵向水平剪刀撑以增强脚手架承载能力，与提升滑轮组相连相对应的立杆一般为位于脚手架端部的第二根立杆，此处要设置从底到顶的横向斜杆。

底部架搭设后，对架子应进行检查、调整。具体要求如下：

①横杆的水平度偏差不大于 $L/400$(L—脚手架纵向长度)；

②立杆的垂直偏差小于 $H/500$(H—脚手架高度)；

③脚手架的纵向直线度偏差小于 $L/200$。

(2)脚手架(架体)搭设。

随着工程进度，以底部架子为基础，搭设上部脚手架。

与导轨位置相对应的横向承力框架内沿全高设置横向斜杆，在脚手架外侧沿全高设置剪刀撑；在脚手架内侧安装爬升机械的两立杆之间设置剪刀撑，如图 4-21 所示。

脚手板、扶手杆除按常规要求铺放外，底层脚手板必须用木脚手板或者用无网眼的钢脚手板密铺，并要求横向铺至建筑物外墙，不留间隙。

脚手架外侧满挂安全网，并要求从脚手架底部兜过来，将安全网固定在建筑物上。

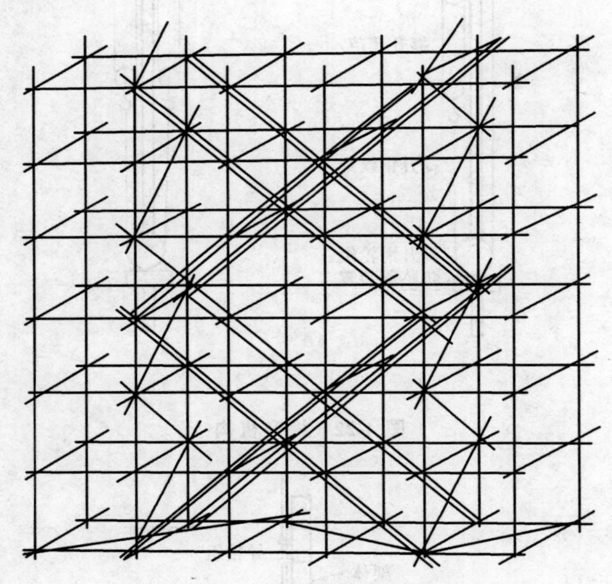

图 4-21　框架内横向斜杆设置

(3)安装导轮组、导轨。

在脚手架(架体)与导轨相对应的两根立杆上，各上、下安装两组导轮组，然后将导轨插进导轮和如图 4-22 所示的提升滑轮组下的导孔中，导轨与架体连接如图 4-23 所示。

在建筑物结构上安装连墙挂板、连墙支杆、连墙支座杆，再将导轨与连墙支座连接，如图 4-24 所示。

当脚手架(支架)搭设到两层楼高时即可安装导轨，导轨底部应低于支架 1.5m 左右，每根导轨上相同的数字应处于同一水平面上。

两根连墙杆之间的夹角宜控制在 45°～150°内，用调整连墙杆的长短来调整导轨的垂直度，偏差控制在 $H/400$ 以内。

(4)安装提升挂座、提升葫芦、斜拉钢丝绳、限位器。

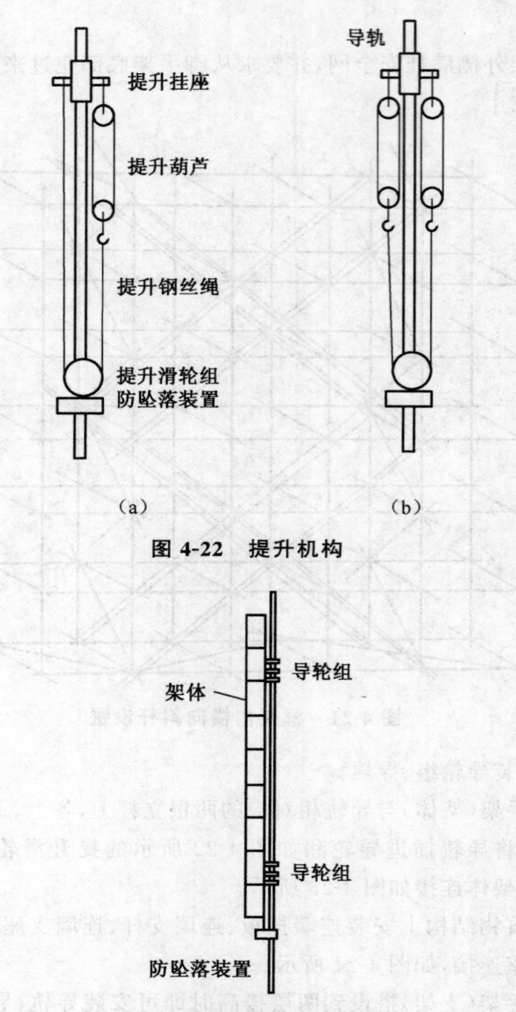

图 4-22 提升机构

图 4-23 导轨与架体连接

将提升挂座安装在导轨上,再将提升葫芦挂在提升挂座上,图 4-22a 是一侧挂提升葫芦,另一侧挂钢丝绳,图 4-22b 是每侧一个提升葫芦。

钢丝绳下端固定在支架立杆的下碗扣底部,上部用花篮螺栓挂在

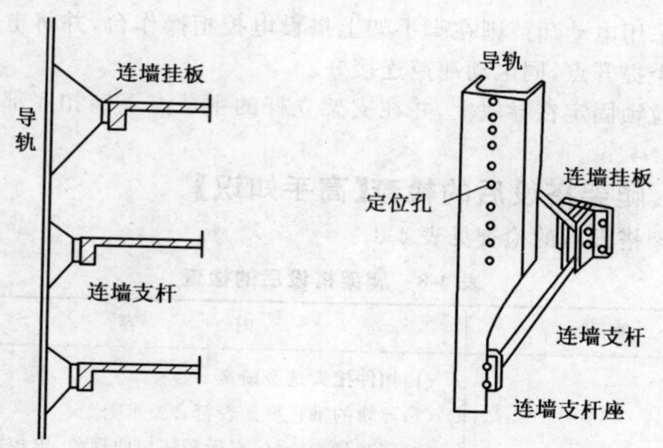

图 4-24　导轨与结构连结

连墙挂板上，挂好后将钢丝绳拉紧，如图 4-25 所示。

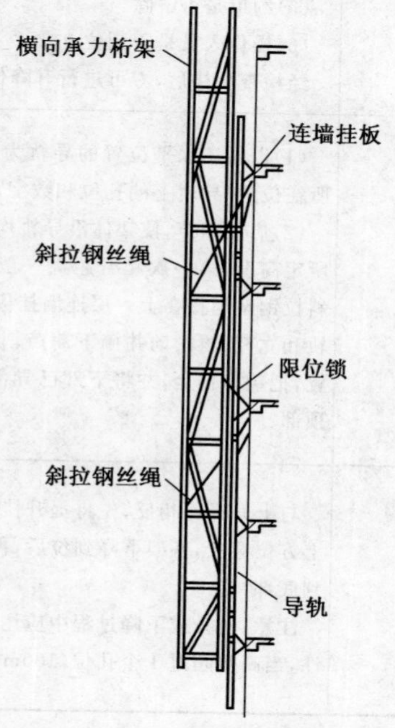

图 4-25　限位锁设置

若采用电动葫芦则在脚手架上搭设电控柜操作台，并将电缆线布置到每个提升点，同电动葫芦连接好。

限位锁固定在导轨上，并在支架立杆的主节点下碗扣底部安装限位锁夹。

二、爬架搭设后的检查【高手知识】

爬架搭设后的检查见表4-8。

表4-8 爬架搭设后的检查

项目	内容
导轨式爬架安装完毕后	(1)扣件接头是否锁紧 (2)导轨的垂直度是否符合要求 (3)葫芦是否拴好，有无翻链扭曲现象，电控柜及电动葫芦连接是否正确 (4)障碍物是否清除干净 (5)约束是否解除 (6)操作人员是否到位 经检查合格后，方可进行升降作业
上升	(1)以同一水平位置的导轨为基准，记下导轨上导轮所在位置(导轨上的孔位和数字) (2)启动葫芦，使架体沿导轨均匀平稳上升，一直升至所定高度(第一次爬升距离一般不大于500mm)后，将斜拉钢丝绳挂在上一层连墙挂板上，并将限位锁锁住导轨和立杆；再松动并摘下葫芦，将提升挂座移至上部位置，把葫芦挂上，并将下部已导滑出的导轨拆下安装到顶部
下降	与上升操作相反，先将提升挂座挂在下面一组导轮的上方位置上，待架下降到位后，再将上部导轨拆下，安装到底部 注意：上升或下降过程中应注意观察各提升点的同步性，当高差超过1个孔位(100mm)时，应停机调整

第七节　模板支撑架的搭设

一、扣件式钢管支撑架的搭设【高手技能】

（1）以同一水平位置的导轨为基准，记下导轨上导轮所在位置（导轨上的孔位和数字）。

（2）启动葫芦，使架体沿导轨均匀平稳上升，一直升至所定高度（第一次爬升距离一般不大于500mm）后，将斜拉钢丝绳挂在上一层连墙挂板上，并将限位锁锁住导轨和立杆；再松动并摘下葫芦，将提升挂座移至上部位置，把葫芦挂上，并将下部已导滑出的导轨拆下安装到顶部。

扣件式钢管支撑架的搭设包括3部分，见表4-9。

表4-9　扣件式钢管支撑架的搭设

项目	内　　容
立杆的接长	扣件式支撑架的高度可根据建筑物的层高而定，立杆的接口，可采用对接或搭接连接。对接连接方式，如图4-26所示 （1）支撑架立杆采用对接扣件连接时，在立杆的顶端安插一个顶托，被支撑的模板荷载通过顶托直接作用在立杆上 特点是荷载偏心小，受力性能好，能充分发挥钢管的承载力。通过调节可调底座或可调顶托，可在一定范围内调整立杆总高度，但调节幅度不大。搭接连接方式，如图4-27所示 （2）采用回转扣件，搭接长度不得小于100mm。模板上的荷载作用在支撑架顶层的横杆上，再通过扣件传到立杆 特点是荷载偏心大，且靠扣件传递，受力性能差，钢管的承载力得不到充分发挥。但比较容易调整立杆的总高度
水平拉结杆设置	为加强扣件式支撑架的整体稳定性，必须在支撑架立杆之间纵、横两个方向均设置扫地杆和水平拉结杆。各水平拉结杆的间距（步高）一般不大于1.6m 图4-28为扣件式满堂支撑架水平拉结杆布置的实例——梁板结构模板支撑架 图4-29为扣件式满堂支架中水平拉结杆布置的另一实例——密肋楼盖模板支撑架

续表 4-9

项目	内　容
斜杆设置	为保证支撑架的整体稳定性，在设置纵、横向水平拉结杆同时，还必须设置斜杆，具体搭设时可采用刚性斜撑或柔性斜撑 (1)刚性斜撑：刚性斜撑以钢管为斜撑，用扣件将它们与支撑架中的立杆和水平杆连接，如图 4-30 所示 (2)柔性斜撑：柔性斜撑采用钢筋、铅丝、铁链等材料，必须交叉布置，并且每根拉杆中均要设置花篮螺栓，如图 4-31 所示，以保证拉杆不松弛

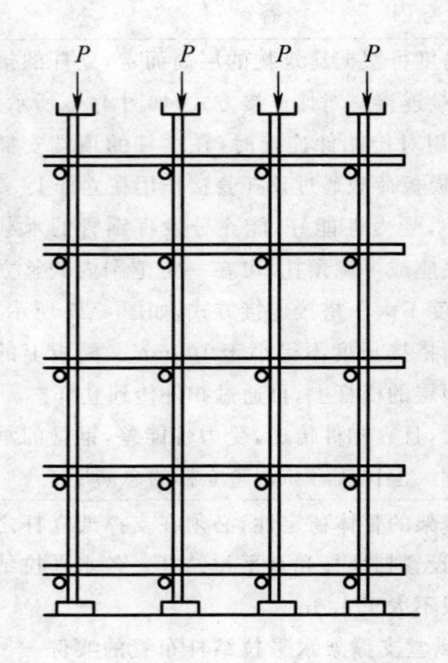

图 4-26　立杆对接连接

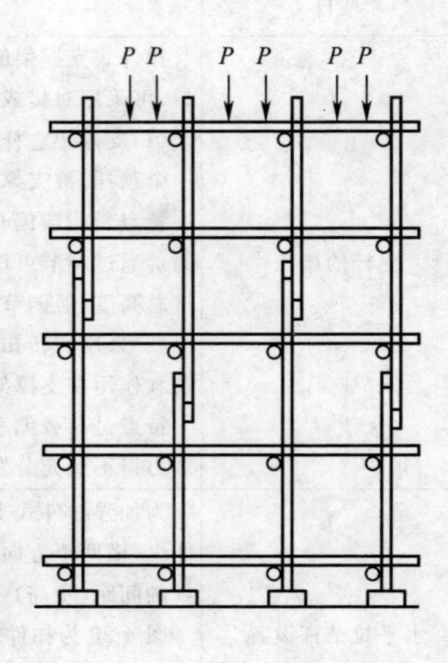

图 4-27　立杆搭接连接

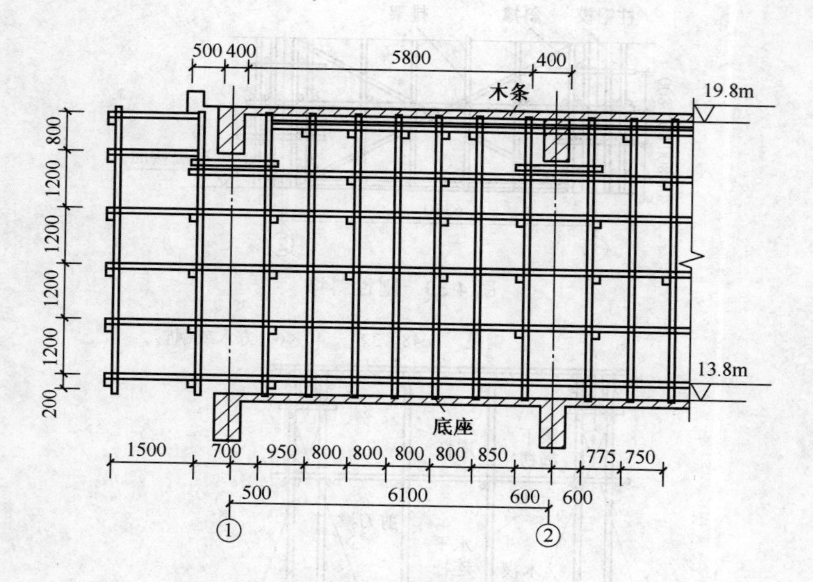

图 4-28　梁板结构模板支撑架

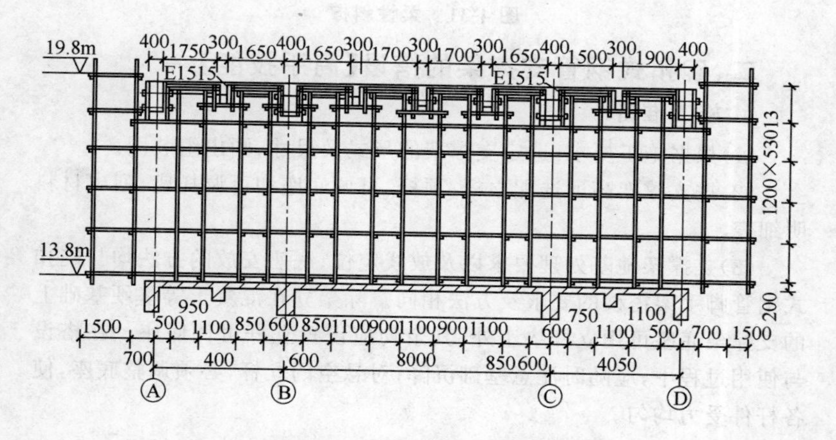

图 4-29　密肋楼盖模板支撑架

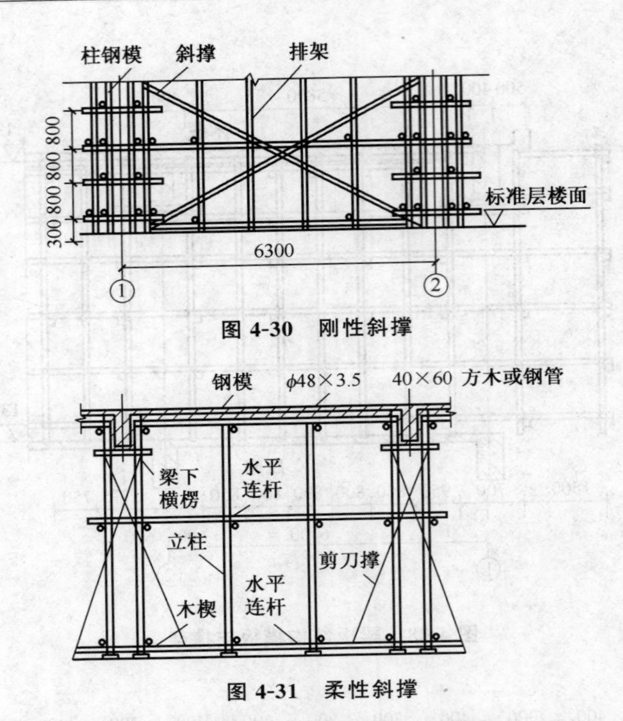

图 4-30　刚性斜撑

图 4-31　柔性斜撑

二、碗扣式钢管支撑架的搭设【高手技能】

1. 施工准备

(1)根据施工要求,选定支撑架的形式及尺寸,画出组装图。

(2)按支撑架高度选配立杆、顶杆、可调底座和可调托座,列出材料明细表。

(3)支撑架地基处理要求以及放线定位、底座安放的方法均与碗扣式钢管脚手架搭设的要求及方法相同。除架立在混凝土等坚硬基础上的支撑架底座可用立杆垫座外,其余均应设置立杆可调底座。在搭设与使用过程中,应随时注意基础沉降;对悬空的立杆,必须调整底座,使各杆件受力均匀。

2. 支撑架搭设

支撑架的搭设包括 4 方面,见表 4-10。

表 4-10　支撑架的搭设

项目	内　　容
竖立杆	立杆安装同脚手架。第一步立杆的长度应一致，使支撑架的各立杆接头在同一水平面上，顶杆仅在顶端使用，以便能插入底座
安放横杆和斜杆	横杆、斜杆安装同脚手架。在支撑架四周外侧设置斜杆。斜杆可在框架单元的对角节点布置，也可以错节设置
安装横托撑	横托撑可用作侧向支撑，设置在横杆层，并两侧对称设置。如图 4-32 所示，横托撑一端由碗扣接头同横杆、支座架连接，另一端插上可调托座，安装支撑横梁
支撑柱搭设	支撑柱下端装普通垫座或可调垫座，上墙装入支座柱可调座，如图 4-33b 所示。斜支撑柱下端可采用支撑柱转角座，其可调角度为±10°，如图 4-33a 所示。应用地锚将其固定牢固 支撑柱的允许荷载随高度的加大降低：$h\leqslant 5$m 时为 140kN；5m$<h\leqslant 10$m 时为 120kN；10m$<h\leqslant 15$m 时为 100kN。当支撑柱间用横杆连成整体时，其承载能力将会有所提高。支撑柱也可以预先拼装，现场可整体吊装以提高搭设速度 支撑柱由立杆、顶杆和 0.3m 横杆组成（横杆步距 0.6m），其底部设支座，顶部设可调座，如图 4-33 所示。支柱长度可根据施工要求确定

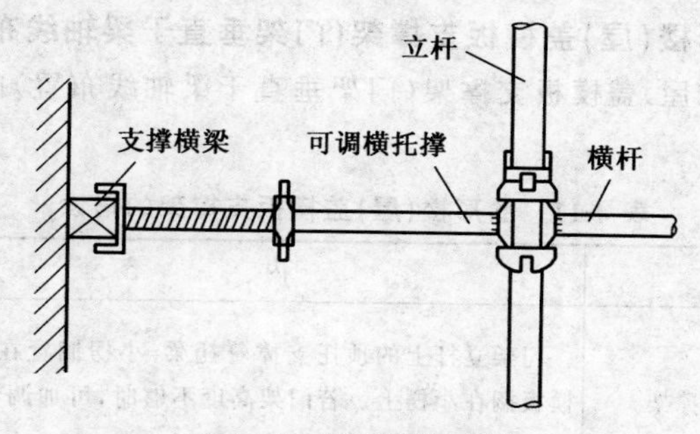

图 4-32　横托撑示意图

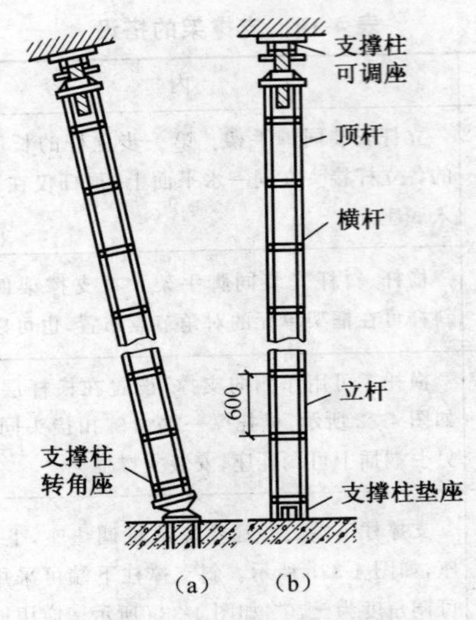

图 4-33 支撑柱构造

3. 检查验收

支撑架搭设到 3～5 层时,应检查每个立杆(柱)底座下是否浮动或松动,否则应旋紧可调底座或用薄铁片填实。

三、门式钢管支撑架的搭设【高手技能】

肋形楼(屋)盖结构中梁、板为整体现浇混凝土施工时,门式支撑架的门架,可采用平行于梁轴线或垂直于梁轴线两种布置方式。

1. 肋形楼(屋)盖模板支撑架(门架垂直于梁轴线布置)

肋形楼(屋)盖模板支撑架(门架垂直于梁轴线布置)的搭设见表4-11。

表 4-11 肋形楼(屋)盖模板支撑架的搭设

项目	内容
梁底模板支撑架	门架立杆上的顶托支撑着托梁,小楞搁置在托梁上,梁底模板搁在小楞上。若门架高度不够时,可加调节架加高支撑架的高度,如图 4-34 所示

续表 4-11

项目	内　　容
梁、楼板底模板同时支撑架	(1)当梁高不大于 350mm 时,在门架立杆顶端设置可调顶托来支承楼板底模,而梁底模可直接搁在门架的横梁上,如图 4-35 所示 (2)当梁高大于 350mm 时,可将调节架倒置,将梁底模板支承在调节架的横杆上,而立杆上端放上可顶托来支承楼板模板如图 4-36a 所示 将门架倒置,用门架的立杆支承楼板底模,再在门架的立杆上固定一些小棱(小横杆)来支承梁底模板,如图 4-36b 所示
门架间距选定	门架的间距应根据荷载的大小确定,同时也须考虑交叉拉杆的规格尺寸,一般常用的间距有 1.2m、1.5m、1.8m 当荷载较大或者模板支撑高度较高时,上述 1.2m 的间距仍太大时可采用图 4-37 所示的左右错开布置形式

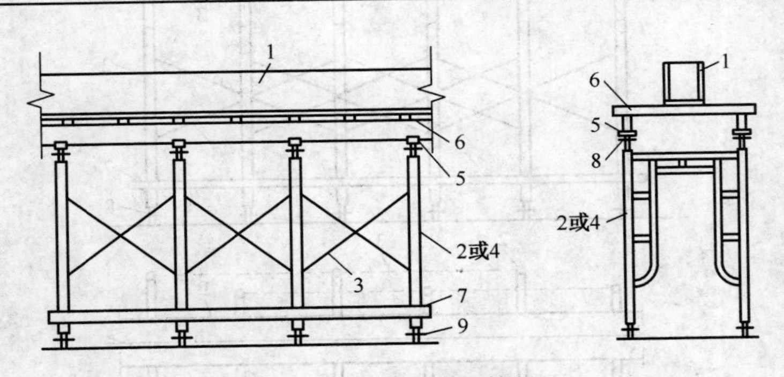

图 4-34　梁底模板支撑架

1. 混凝土梁　2. 门架　3. 交叉支撑　4. 调节架　5. 托梁
6. 小棱　7. 扫地杆　8. 可调托座　9. 可调底座

2. 肋形楼(屋)盖模板支撑架(门架平行于梁轴线布置)

肋形楼(屋)盖模板支撑架(门架平行于梁轴线布置)的搭设见表 4-12。

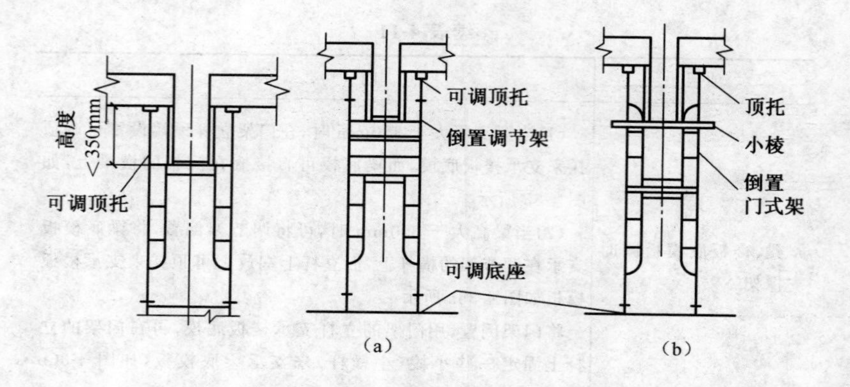

图 4-35 梁、板底模板支撑架　　图 4-36 梁、板底模板支撑架形式

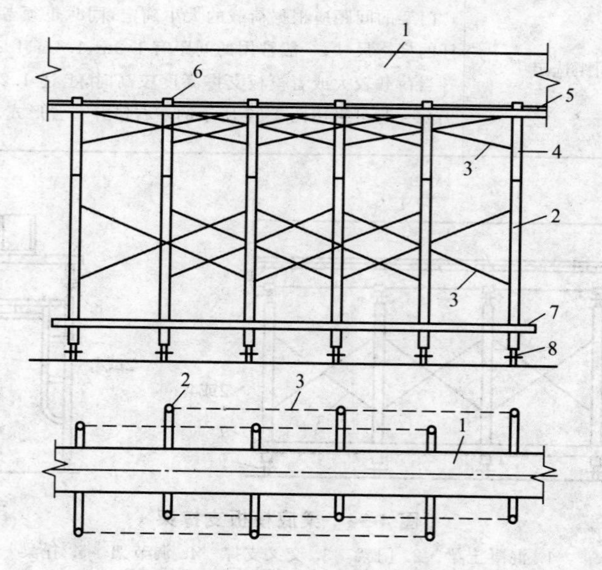

图 4-37 门架左右错开布置

1. 混凝土梁　2. 门架　3. 交叉支撑　4. 调节架　5. 托架
6. 小棱　7. 扫地杆　8. 可调节底座

表 4-12　肋形楼(屋)盖模板支撑架的搭设

项目	内　　容
梁底模板支撑架	如图 4-38 所示,托梁由门架立杆托着,而它又支承着小棱,小棱支承着梁底模板 梁两侧的每对门架通过横向设置的交叉拉杆加固,它们的间距可根据所选定的交叉拉杆的长短确定 纵向相邻两组门架之间的距离应考虑荷载因素经计算确定,但一般不超过门架宽度
梁、楼板底模板支撑架	支撑架如图 4-39 所示。上面倒置的门架的主杆支承楼板底模,而在门架立杆上固定小棱,用它来支承梁底模板

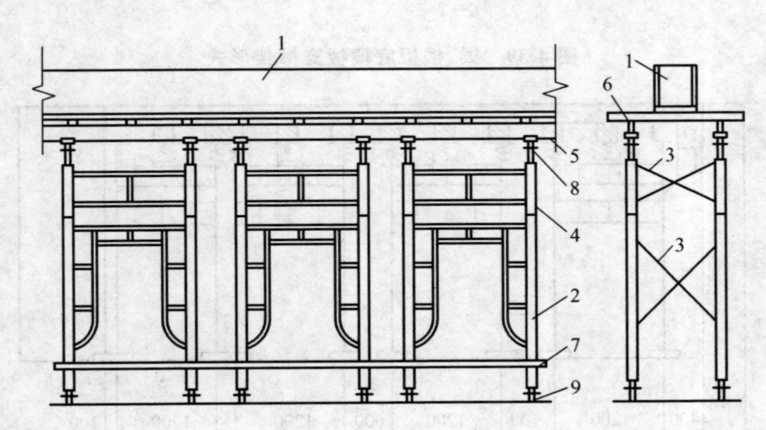

图 4-38　模板支撑的布置形式

1. 混凝土梁　2. 门架　3. 交叉支撑　4. 调节架
5. 托梁　6. 小棱　7. 扫地杆　8. 可调托座　9. 可调底座

3. 平面楼(屋)盖模板支撑架

平面楼屋盖的模板支撑架,采用满堂支撑架形式,图 4-40 是支撑架中门架布置的一种情况。

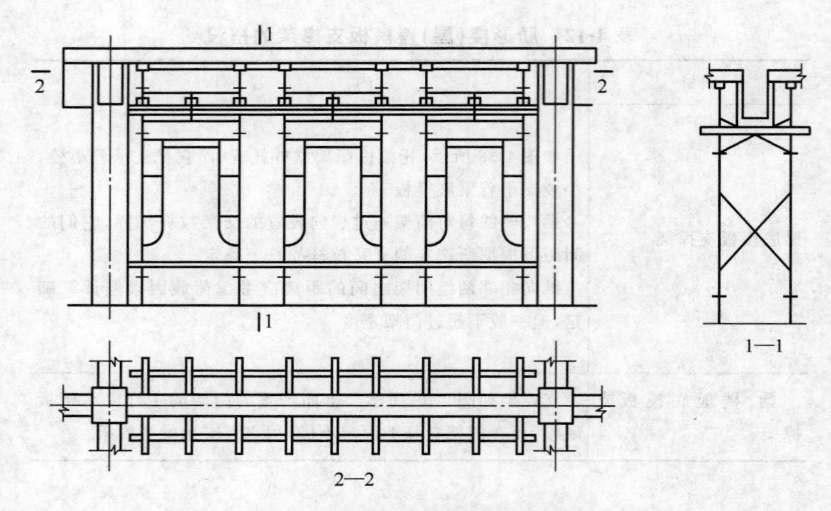

图 4-39 梁、楼板底模板支撑架形式

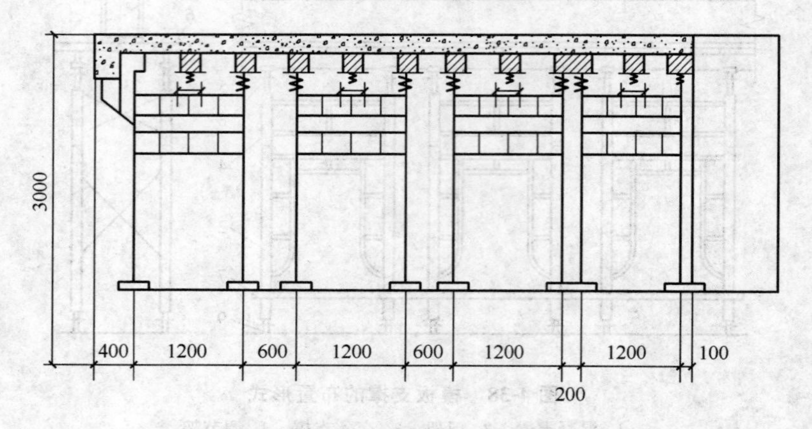

图 4-40 平面楼屋盖模板支撑(单位:mm)

为使满堂支撑架形成一个稳定的整体,避免发生摇晃,支撑架的每层门架均应设置纵、横两个方向的水平拉结杆,并在门架平面内布置一定数量的剪刀撑。在垂直门架平面的方向上,两门架之间设置交叉支撑,如图 4-41 所示。

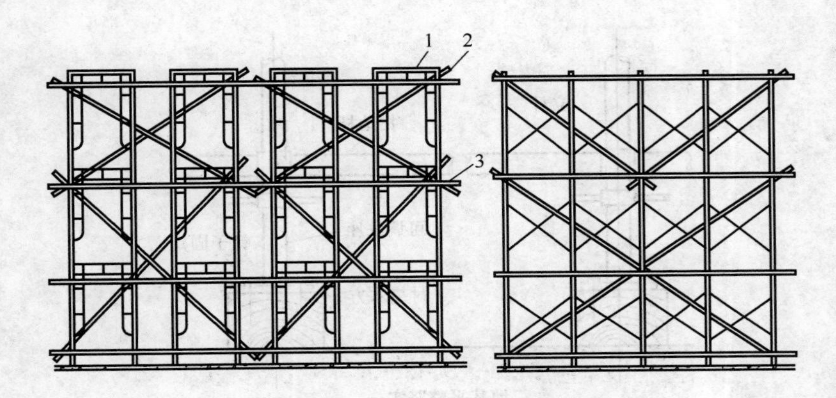

图 4-41　门式满堂支撑架搭设构造

1. 门架　2. 剪刀撑　3. 水平加固杆

4. 密肋楼(屋)盖模板支撑架

图 4-42 是几种不同间距荷载支撑点的门式支撑架。

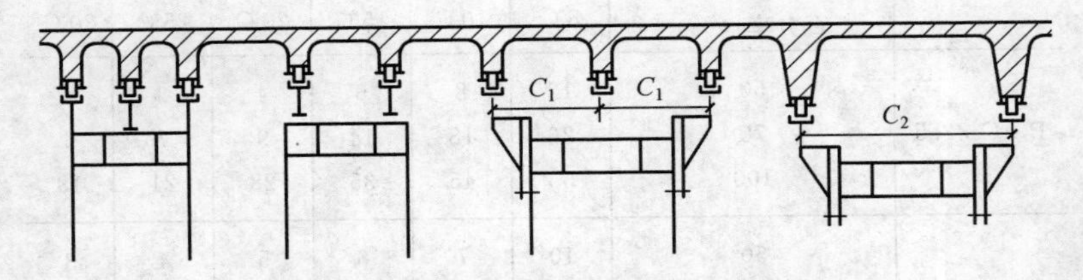

图 4-42　不同间距荷载支撑点门式支撑架

5. 门式支撑架根部构造

为保证门式钢管支撑架根部的稳定性，地基要求平整夯实，衬垫木方，在立柱的纵横向设置扫地杆，如图 4-43 所示。

四、模板支撑架的拆除时间【高手技能】

表 4-13 是现浇混凝土达到规定强度标准值所需的时间。

五、模板支撑于混凝土强度的要求【高手技能】

表 4-14 是各类现浇构件其拆模时的强度必须达到的要求。

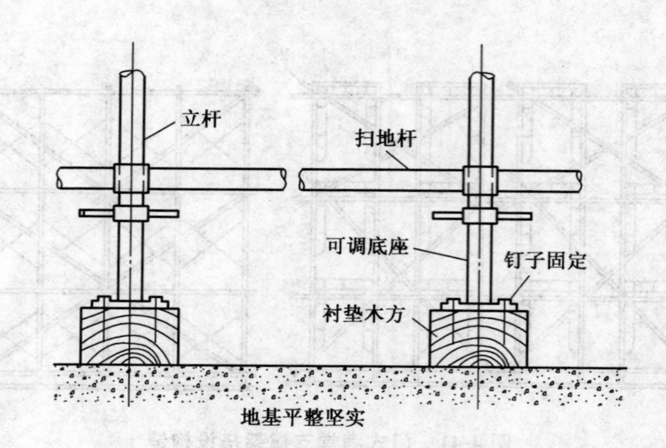

图 4-43 门式钢管支撑架底部构造

表 4-13 拆除底模板的时间参数(单位:h)

水泥	混凝土达到设计强度标准值的百分率/(%)	硬化时昼夜平均温度					
		5℃	10℃	15℃	20℃	25℃	30℃
P·O 32.5	50	12	8	6	4	3	2
	70	26	18	14	9	7	6
	100	55	45	35	28	21	18
P·O 42.5	50	10	7	6	5	4	3
	70	20	14	11	8	7	6
	100	50	40	30	28	20	18
P·S 32.5 P·P 32.5	50	18	12	10	8	7	6
	70	32	25	17	14	12	10
	100	60	30	40	28	24	20
P·S 42.5 P·P 42.5	50	16	11	9	8	7	6
	70	30	20	15	13	12	10
	100	60	50	40	28	24	20

表 4-14　现浇结构拆模时所需混凝土强度

项次	结构类型	结构跨度/m	按达到设计混凝土强度标准值的百分率计/(%)
1	板	≤2 >2 且≤3	35 75
2	梁、拱、壳	≤8 >8	75 100
3	拱　壳	≤8 >8	75 100
4	悬臂构件	≤2 >2	75 100

六、支撑架的拆除【高手技能】

支撑架的拆除，除应遵守相应脚手架拆除的有关规定外，根据支撑架的特点，还应注意：

(1)支撑架拆除前，应由单位工程负责人对支撑架作全面检查，确定可以拆除时，方可拆除；

(2)拆除支撑架前应先松动可调螺栓。拆下模板并运出后，才可拆除支撑架；

(3)支撑架拆除应从顶层开始逐层往下拆，先拆可调托撑、斜杆、横杆、后拆立杆；

(4)拆下的构配件应分类捆绑、吊放到地面，严禁从高空抛掷到地面；

(5)拆下的构配件应及时检查、维修、保养；变形的应调整，油漆剥落的要除锈后重刷漆；对底座、调节杆、螺栓螺纹、螺孔等应清理污泥后涂黄油防锈；

(6)门架宜倒立或平放，平放时应相互对齐，剪刀撑、水平撑、栏杆等应绑扎成捆堆放，其他小配件应装入木箱内保管。

构配件应储存在干燥通风的库房内。若露天堆放，场地必须选择地面平坦、排水良好，堆放时下面要铺地板，堆垛上要加盖防雨布。

第八节　烟囱及水塔脚手架的搭设

一、烟囱内脚手架的搭设【高手技能】

搭设时先将插杆支撑在烟囱壁上，挂上吊架，搭上下两层脚手板即

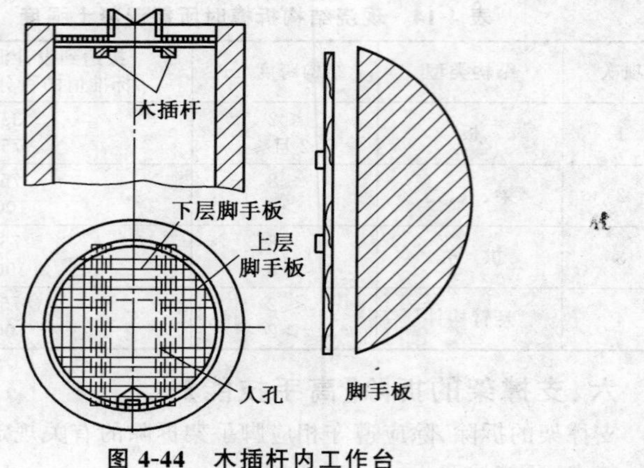

图 4-44 木插杆内工作台

可使用，施工时筒身每砌高一步架，将插杆往里缩一次，重新将螺栓紧固好。当一步架砌完后，先将上面放好插杆，再将脚手板翻移上去。施工过程中，需要不同规格的插杆倒换使用，当烟囱直径较大(直径超过 2m)时，可采用木插杆工作台，在施工过程中随着筒身直径的缩小锯短木插杆，如图 4-44 所示。

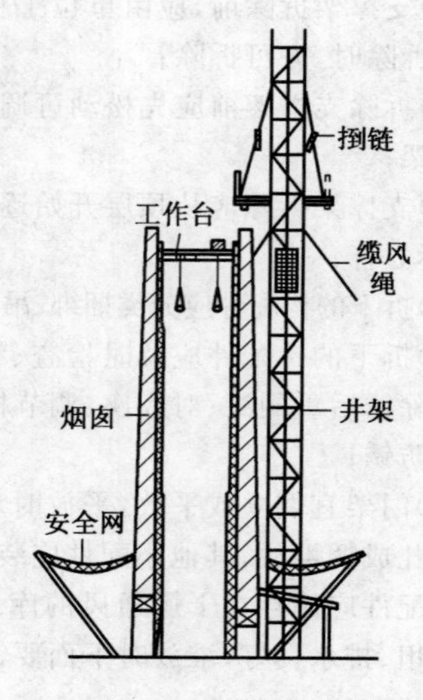

图 4-45 外井架布置

烟囱采用内工作台施工时，一般在烟囱外搭设双孔井字架作为材料运输和人员上、下使用。同时在井字架上悬吊一个卸料台。卸料台用方木和木板制成，用 2～4 个捯链挂在井字架上，逐步提升卸料台并使其一直高于砌筑工作面，可将材料用人传递或用滴槽卸到工作平台上，如图 4-45 所示。

二、水塔外脚手架的搭设【高手技能】

水塔外脚手架的搭设包括8部分，见表4-15。

表4-15　水塔外脚手架的搭设

项　　目	内　　容
放立杆位置线	一般根据水塔的直径和脚手架塔设的平面形式，确定立杆的位置，常用以下两种方法： (1)正方形脚手架放线法 已知水塔底的外径为3m，里排立杆距水塔壁的最近距离为50cm，由此求出搭设长度为3＋2×0.5＝4m，再挑4根长于4m的立杆，在杆上量出4m长的边线，并在钢管的中线处划上十字线，将四根划好线的立杆在水塔外围摆成正方形，注意杆件的中线与水塔中线对齐，正方形的对角线相等，则杆件垂直相交的四角即为脚手架里排四角立杆的位置。据此按脚手架的搭设方案确定其他中间立杆和外排立杆的位置，如图4-46所示 (2)六角形脚手架放线法 六角形里排脚手架的边长按下式计算：里排边长＝(1.5＋0.5)×1.15＝2.3m。再找6根3m左右的杆件，在两端留出余量，用尺子量出2.3m划上十字线，按上述方法在水塔外围摆成正六边形，就可以确定里排脚手架6个角点的位置。在此基础上再按要求划出中间立杆和外排脚手架立杆的位置线，如图4-47所示
挖立杆坑	立杆的位置线放出后，就可以依次挖立杆坑。坑深不小于50cm，坑的直径应比立杆直径大10cm左右，挖好后最好在坑底垫砖块或石块
竖立杆	竖立杆时最好三人配合操作，依次先竖里排立杆，后竖外排立杆。由一人将立杆对准坑口，第二个人用铁锹挡住立杆根部，同时用脚蹬立杆根部，再一人抬起立杆向上举起竖立 竖立杆时先竖转角处的立杆，由一人穿看垂直度后将立杆坑回填夯实，中间立杆同排要互相看齐、对正 相邻立杆的接长位置要上、下错开50cm以上，钢管立杆应用对接接长杉篙立杆的搭接长度不应小于1.5m，并绑三道铁丝，所有接头不能在同一步架内

续表 4-15

项　目	内　容
绑大横杆和小横杆	绑大横杆和小横杆的方法与钢、木脚手架方法基本相同 大横杆应绑在立柱的内侧，用杉篙搭设时，同一步架内的大头朝向应相同，搭接处小头压在大头上，搭接位置应错开。相邻两步大横杆的大头朝向应相反 小横杆应按规定与大横杆绑牢，端头距水塔壁10～15cm
绑剪刀撑和斜撑	剪刀撑和斜撑应随架子搭高及时绑扎，最下一道要落地，绑扎方法同杉篙和钢脚手架
拉缆风绳	架子搭至10～15m高时，应及时拉缆风绳，每组4～6根，上端与架子拉结牢固，下端与地锚固定，并配花篮螺丝调节松紧。特别注意，严禁将缆风绳随意捆绑在树木、电线杆等不安全的地方
绑护身栏杆、立挂安全网	在操作面上应设高1.2m以上的护身栏杆两道，加绑挡脚板，并立挂安全网。操作面上满铺脚手板
水箱	水塔的水箱部分可采用挑架子或增设里立杆的脚手架，如图4-48所示

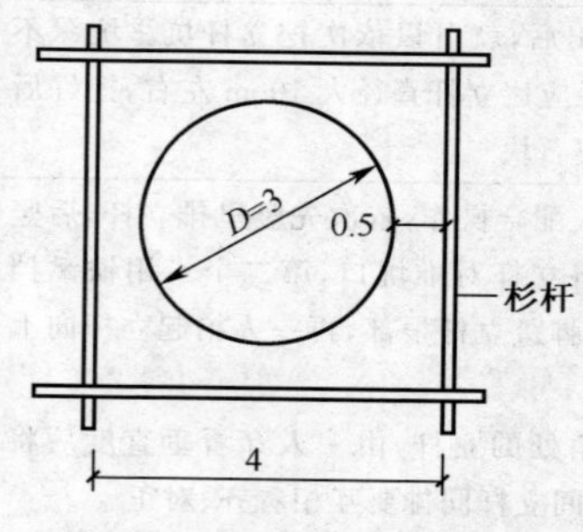

图 4-46　正方形架里排立杆位置的确定方法(单位:m)

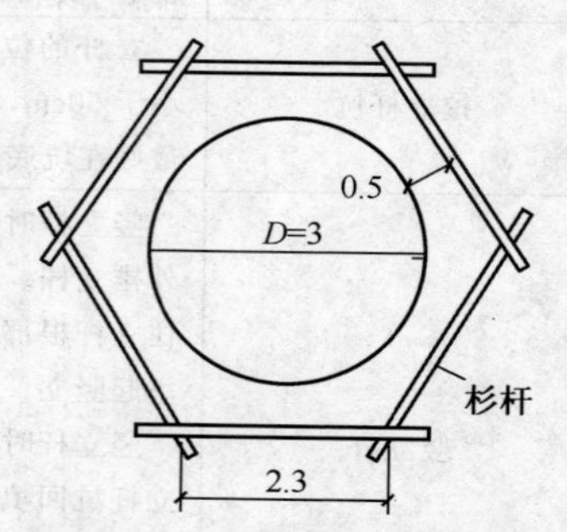

图 4-47　六角形架里排立杆位置的确定方法(单位:m)

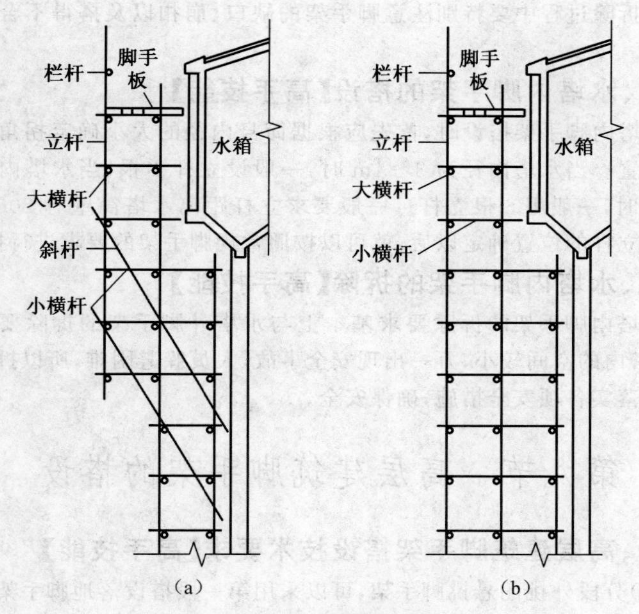

图 4-48　水塔外脚手架

(a)双排架　(b)三排架

三、水塔外脚手架的拆除【高手技能】

1. 拆除顺序

立挂安全网→护身栏→挡脚板→脚手板→小横杆→顶端缆风绳→剪刀撑→大横杆→立杆→斜撑和抛撑。

拆除水塔外脚手架时，必须按上述顺序由上而下一步一步地依次拆除，严禁用拉倒或推倒的方法拆除。

2. 注意事项

水塔外脚手架拆除时至少三人配合操作，并佩戴安全带和安全帽。拆除前应确定拆除方案，对各种杆件的拆除顺序做到心中有数，特别是缆风绳的拆除要格外注意，应由上而下拆到缆风绳处才能对称拆除，严禁为工作方便将缆风绳随意乱拆，以避免发生倒架事故。

在拆除过程中要特别注意脚手架的缺口、崩扣以及搭得不合格的地方。

四、水塔内脚手架的搭设【高手技能】

水塔内脚手架搭设时，首先应根据筒身内径的大小确定拐角处立杆的位置。当水塔内径为3～4m时，一般设立杆4根；当水塔内径为4～6m时，一般用6根立杆。一般要求立杆距离水塔筒壁有20cm的空隙。立杆的位置确定以后，就可以按照常规脚手架的要求进行搭设。

五、水塔内脚手架的拆除【高手技能】

水塔内脚手架的拆除要求基本上与水塔外脚手架的拆除要求相同，水塔内的空间较小，万一出现安全事故，人员躲避困难，所以拆除时一定要落实各项安全措施，确保安全。

第九节　高层建筑脚手架的搭设

一、高层建筑脚手架搭设技术要求【高手技能】

(1)分段外挑的悬挑脚手架，可以采用第一段搭设落地脚手架。第二段搭设外挑架的方法，也可以从建筑物的第二层开始搭设外挑架子，底层地面成为运输通道，也便于建筑物周围的管网施工。

(2)悬挑脚手架在垂直高度上进行分段搭设。在高层建筑的外柱上，每隔二十步架高埋设三角支撑架，在三角支撑架上安设两根槽钢纵架，在纵梁上搭设脚手架。

(3)分段外挑的悬挑式脚手架的技术要求见表4-16。

表4-16　悬挑式脚手架的技术要求

允许荷载/(N/m²)	立杆最大间距/mm	顺水杆最大间距/mm	排木间距/mm 脚手板厚度/mm		
			30	40	50
1000	2700	1350	2000	2000	3000
2000	2400	1200	1400	1000	1700
3000	2000	1000	2000	1500	2200

二、高层建筑脚手架搭设操作要点【高手技能】

(1)悬挑式脚手架应根据建筑物的轴线尺寸，水平方向每隔 6m、竖直方向每隔 3～4m 设置一个拉结点，各点呈梅花形错开布置，与结构连接牢固。拉结点的具体做法是：在现浇钢筋混凝土结构上按上述要求埋设预埋件，然后用∟100×63×10 的角钢一端与预埋件焊接，另一端用螺栓连接短管，如图 4-49 所示。

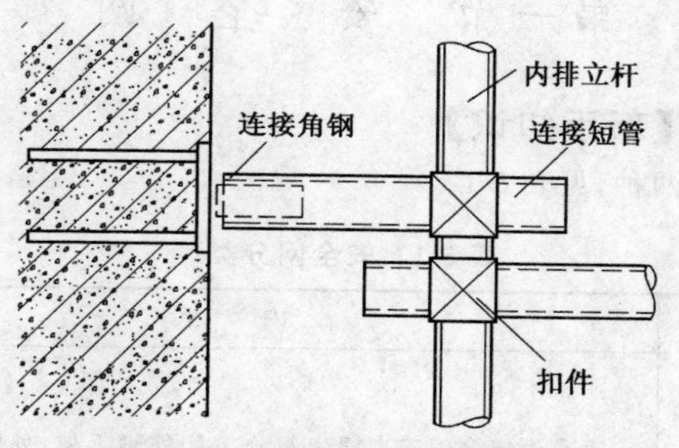

图 4-49　脚手架与建筑物的拉接

(2)采用下撑式挑架施工时，挑架在安装前，应放好线，按线安装。斜撑下端与连接的部位应预先埋设好预埋件，然后在适当的柱子轴线位置上找好标高，先安装一根挑梁，用 $\phi25$ 的钢筋穿过挑梁腹板上的预留孔眼，再与柱主筋焊接牢固。其他挑梁均按此进行安装斜撑，并与柱和挑梁焊牢。最后安装纵梁与纵梁之间的钢桁架，以及横梁和搭设钢管脚手架。

第五章　脚手架安全设施与管理

第一节　安　全　网

一、类型【新手知识】

安全网分两种，见表 5-1。

表 5-1　安全网分类

项　　目	内　　容
垂直设置	垂直设置多用于高层建筑施工的外脚手架，外侧满挂安全网围护，一般是采用细尼龙绳编制的安全网。安全网应封严，与外脚手架固定牢靠
水平安全网	水平安全网多用于多层建筑施工的外脚手架，是用直径 9mm 的麻绳、棕绳或尼龙绳编制的，一般规格为宽 3m、长 6m，网眼 5cm 左右，每块支好的安全网应能承受不小于 1600N 的冲击荷载 从二层楼面起设安全网，往上每隔 3～4 层设一道，同时再设一道随施工高度提升的安全网。要求网绳不破损，生根要牢固、绷紧、圈牢、拼接严密、网杠支杆宜用脚手钢管。网宽不小于 3m，最下一层网宽应为 6m

二、水平安全网支设方法【新手知识】

水平安全网支设方法有 4 种，见表 5-2。

表 5-2　水平安全网支设方法

方　法	内　容
利用外墙窗口架支设方法	在多层、高层建筑采用外脚手架时，需要架设安全网，或者在采用里脚手架砌筑外墙时也需要架设安全网。安全网的架设要随着楼层施工的增高而逐步上升，在高层施工中外侧应自下而上满挂密目式安全网。除此外还应在每隔4～6层的位置设置一道安全平网 目前施工中所采用的安全网大多是 ϕ9mm 的麻绳、棕绳或尼龙绳编织成，规格一般为 6m×3m，网眼规格为 5cm×5cm。当采用里脚手架砌筑外墙的时候，在上一层楼层窗口墙内放置一根横杆，与安全网的内横杆绑扎牢固，安全网外横杆与斜杆上端联结，斜杆下端与一根横杆相接，并与下层窗口墙内横杆绑扎牢固。对于无窗口的山墙，可在墙角内设立立杆来架设安全网或在墙体内预埋“Ω”形钢筋环来支承斜杆，或者采用穿墙钢管加转卡来支承斜杆。安全网的斜杆间距一般应不大于 4m 这种架设安全网的方法比较麻烦，速度较慢。也有的施工单位采用自制或购置的钢吊杆来架设安全网。相比之下，后者更具有制作简单、运输使用方便、轻巧、施工速度快的优点，它包括自制销片、钢吊杆和斜杆等。其构造及施工方式如图 5-1 所示，横杆 1 放在上层窗口的墙内，与安全网的内横杆绑牢。横杆 2 放在下一层窗口的墙外，与安全网的斜杆绑牢。横杆 3 放在墙内与横杆 2 绑牢。支设安全网的斜杆间距应不大于 4m 钢吊杆通常采用 ϕ12 的钢筋制作，长 1560mm 在吊杆上端弯一直弯钩，用来挂在预埋入墙体的销片上，在直角弯钩的另一侧平焊一个 ϕ12 挂钩，用来拴住安全网，在挂钩下端焊接一个拉尼龙绳的圆环。下端焊接一个可装设斜杆的活动铰座和靠墙支座，靠墙支座要能够保证吊杆稳定和受到坠物作用力时不发生旋转。斜杆用两根 25×4 的角钢焊成方形，长 2800mm，顶端也焊一个 ϕ12 挂钩用来挂住安全网。在斜杆中间焊接一个挂尼龙绳的环，底端用 M12 螺栓与吊杆的底端铰支座连接。装设这种工具式结构时，可通过挂在吊杆和斜杆上尼龙绳的长度来调节斜杆的倾斜度，吊杆沿着建筑物的外墙而进行设置，间距一般为 3～4m

续表 5-2

方法	内容
利用钢吊杆架设安全网	无窗口的墙可采用钢吊杆架设安全网，在墙面预留洞，穿入销片用销子楔紧，销片上有 ϕ14 孔，以便挂吊杆安全网，如图 5-2 所示 钢吊杆为 ϕ12 钢筋，长约 1.56m，上端弯钩，弯钩背面焊一挂钩以挂安全网用。下端焊有装设斜杆活动铰座和靠墙支座，在靠近上端弯钩（挂钩）处还焊有靠墙板和挂尼龙绳的环，靠墙板的作用是为保证吊杆受力后不发生旋转。吊杆间距一般为 3～4m
首层大跨度安全网	首层大跨度安全网，可用杉篙斜撑搭设，也可采用一边设钢立柱的架设做法。如图 5-3 所示
高层建筑施工安全网	对高层建筑施工，如果是采用在外墙面满搭外脚手架的话，应当沿脚手架外立杆的外侧满挂密目式安全网，由下往上的第一步架应当满铺脚手板，每一作业层的脚手板下应沿水平方向平挂安全网，其余每隔 4～6 层加设一层水平安全网 如果是采用吊篮或悬挂脚手架施工，除顶面和靠墙面，在其他各面应满挂密目安全网，在底层架设宽度至少 4m 的安全网，其余每隔 4～6 层挑出一层安全网。如果是采用挑脚手架施工，当挑脚手架升高以后，不拆除悬挑支架加绑斜杆钩挂安全网。高层建筑施工安全网设置示意如图 5-4 所示

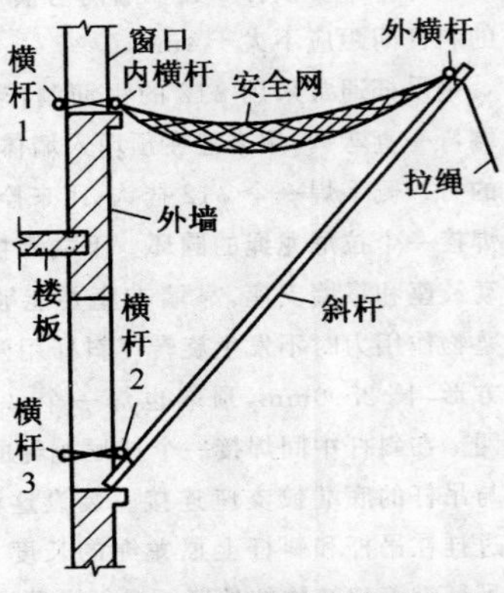

图 5-1 利用窗口架设安全网

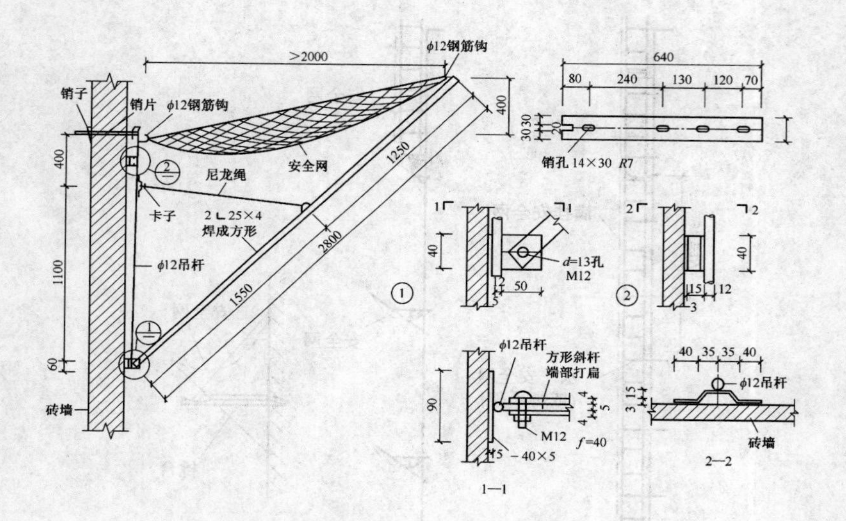

图 5-2　钢吊杆架设安全网

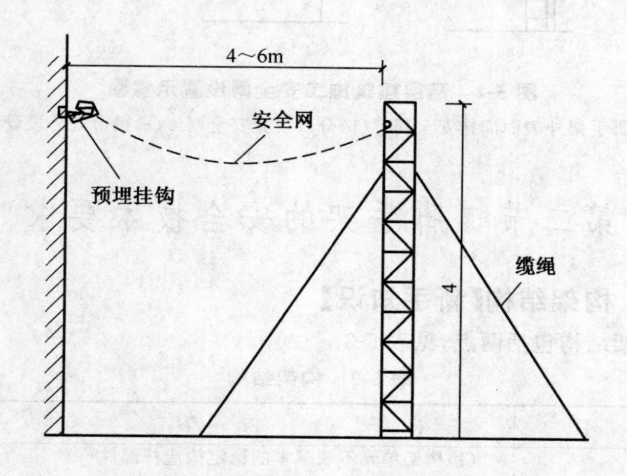

图 5-3　首层钢立柱架设安全网

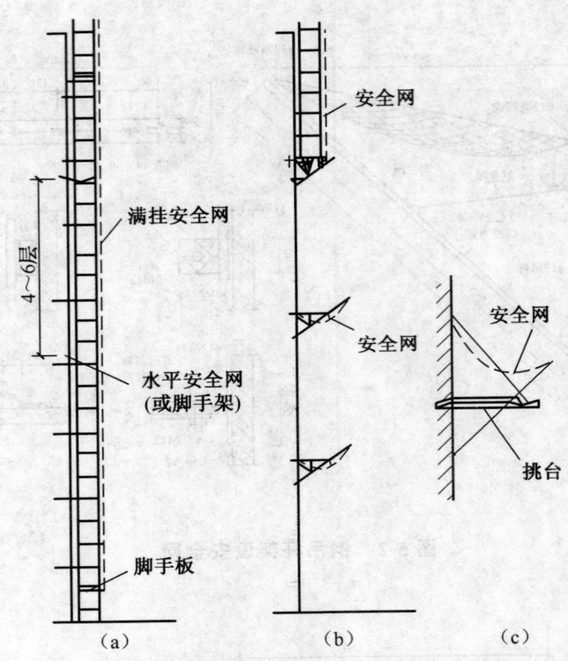

图 5-4 高层建筑施工安全网设置示意图

(a)脚手架外表面满挂安全网 (b)分段设置安全网 (c)挑台处分段设置

第二节 脚手架的安全技术要求

一、构架结构【新手知识】

构架结构包括两点,见表 5-3。

表 5-3 构架结构

项目	内容
构架结构稳定	(1)构架单元不缺基本的稳定构造杆部件 (2)整架按规定设置斜杆、剪刀撑、连墙杆或撑、拉件 (3)在通道、洞口以及其他需要加大结构尺寸(高度、跨度)或承受超规定荷载部位,根据需要设置加强杆件或构造

续表 5-3

项　目	内　容
联结节点可靠	(1)杆件相交位置符合节点构造规定 (2)联接件的安装和紧固力符合要求

二、基础(地)和拉撑承受结构【新手知识】

(1)脚手架立杆的基础(地)应平整夯实,具有足够的承载力和稳定性。设于坑边或台上时,立杆距坑、台的上边缘不得小于 1m,且边坡的坡度不得大于土的自然安息角,否则,应作边坡的保护和加固处理。脚手架立杆之下必须设置垫座和垫板。

(2)脚手架的连墙点、撑拉点和悬挂(吊)点必须设置在能可靠地承受撑拉荷载的结构部位,必要时应进行结构验算。

三、安全防护【新手知识】

脚手架上的安全防护设施应能有效地提供安全防护,防止架上的人员和物品发生坠落。

安全防护体现在 5 方面,见表 5-4。

表 5-4　安全防护

方　法	内　容
搭设和拆除作业中的安全防护	(1)在无可靠的安全带扣挂物时,应拉设安全绳 (2)设置提上或吊下材料的设施,禁止投掷 (3)作业现场应设安全维护和警示标志,禁止无关人员进入危险区域 (4)对尚未形成或已失去稳定结构的脚手架部位加设临时支撑或拉结
作业面的安全防护	(1)除高度在 2m 以内的装修脚手架允许使用两块脚手板外,其他脚手架作业面均不得少于 3 块脚手板,脚手板之间不留孔隙,脚手板与墙面之间的孔隙一般不要大于 200mm 脚手板在长度方向采用平接时,其相接端头必须顶紧,其端部下的小横杆应固定牢固,不得浮搁,以免产生滑动,小横杆中心到板端的距离应控制在 150～200mm 范围内。处于脚手架始、末端的脚手板应与脚手架可靠

续表 5-4

方　　法	内　　容
	拴结;采用搭接时,搭接长度不得小于 300mm,其下的小横杆应距于搭接长度的中间或距下板端头不小于 150mm,其始末端也必须拴结牢固 (2)作业面的外侧立面的防护设施可采用: 1)挡脚板加 2 道防护栏杆 2)3 道栏杆加外围塑料编织布(高度不低于 1.0m 或按步距设置) 3)2 道栏杆绑挂高度不小于 1m 的竹笆 4)2 道栏杆满挂立安全网 5)其他可靠的围护办法
临街防护	可视具体情况采用: (1)采用塑料编织布、竹笆、席子或篷布将脚手架的临街面完全封闭 (2)在临街面满挂安全网,下设安全通道。通道的顶盖应满铺脚手板或其他能可靠承接落物的板篷材料。篷顶临街的一侧应设高于篷顶不小于 0.8m 的挡墙,以免落物又反弹到街上
人行和运输通道的防护	(1)贴近或穿过脚手架的人行和运输通道必须设置板篷 (2)上下脚手架的有高度差的入口应设坡道或踏步,并设栏杆防护
吊、挂架子防护	吊、挂脚手架在移动至作业位置后,应采取撑、拉办法将其固定或减少晃动

四、架子工安全操作规则【新手知识】

(1)搭设或拆除脚手架必须根据专项施工方案,操作人员必须经专业训练,考核合格后发给操作证,持证上岗操作。

(2)钢管有严重锈蚀、弯曲、压扁或裂纹的不得使用,扣件有脆裂、变形、滑丝的禁止使用。

(3)竹脚手架的立杆、顶撑、大横杆、剪刀撑、支杆等有效部分的小头直径不得小于 7.5cm，小横杆直径不得小于 9cm。达不到要求的，立杆间距应缩小。青嫩、裂纹、白麻、虫蛀的竹竿不得使用。

(4)木脚手板应用厚度不小于 5cm 的杉木或松木板，宽度以 20～30cm 为宜，凡是腐朽、扭曲、斜纹、破裂和大横透节的不得使用。板的两端 8cm 处应用镀锌铁丝箍绕 2～3 圈或用铁皮钉牢。

(5)竹片脚手板的板厚不得小于 5cm，螺栓孔不得大于 1cm，螺栓必须打紧。竹编脚手板必须牢固密实，四周必须用 16＃铁丝绑扎。

(6)脚手架的绑扎材料应采用 8＃镀锌铁丝或塑料篾，其抗拉强度应达到规范要求。

(7)钢管脚手架的立杆应垂直稳放在金属底座或垫木上，立杆间距不得大于 15m，架子宽度不得大于 12m，大横杆应设四根，步高不大于 1.8m。钢管的立杆、大横杆接头应错开，用扣件连接，拧紧螺栓，不准用铁丝绑扎。

(8)竹脚手架必须采用双排脚手架，严禁搭设单排架，立杆间距不得大于 1.2m。

(9)竹立杆的搭接长度和大横杆的搭接长度不得小于 1.5m。绑扎时小头应压在大头上，绑扎不得少于三道。立杆、大横杆、小横杆相交时，应先绑两根，再绑第三根，不得一扣绑三根。

(10)脚手架两端、转角处以及每隔 6～7 根立杆应设剪刀撑，与地面的夹角不得大于 60°，架子高度在 7m 以上，每二步四跨，脚手架必须同建筑物设连墙点，拉点应固定在立杆上，做到有拉有顶，拉顶同步。

(11)主体施工时在施工层面及上下层三层满铺，装修时外架脚手板必须从上而下满铺，且铺搭面间隙不得大于 20cm，不得有空隙和探头板。脚手板搭接应严密，架子在拐弯处应交叉搭接。脚手板垫平时应用木块，且要钉牢，不得用砖垫。

(12)翻脚手板必须两个人由里向外按顺序进行，在铺第一块或翻到最外一块脚手板时，必须挂好安全带。

(13)斜道的铺设宽度不得小于 1.2m，坡度不得大于 1∶3，防滑条间距不得大于 30cm。

(14)脚手架的外侧、斜道和平台，必须绑 1～1.2m 高的护身栏杆和钉 20～30cm 高的挡脚板，并满挂安全防护立网。

(15)砌筑用的里脚手架铺设宽度不得小于1.2m,高度应保持低于外墙20cm,支架间距不得大于1.5m,支架底脚应有垫木块,并支在能承重的结构上。搭设双层架时,上下支架必须对齐,支架间应绑斜撑拉固,不准随意搭设。

(16)拆除脚手架必须正确使用安全带。拆除脚手架时,必须有专人看管,周围应设围栏或警戒标志,非工作人员不得入内。拆除连墙点前应先进行检查,采取加固措施后,按顺序由上而下,一步一清,不准上下同时交叉作业。

(17)拆除脚手架大横杆、剪刀撑,应先拆中间扣,再拆两头扣,由中间操作人员往下顺杆子。

(18)拆下的脚手杆、脚手板、钢管、扣件、钢丝绳等材料,严禁往下抛掷。

第三节　脚手架的防电避雷措施及维护与管理

一、防电避雷措施【新手知识】

1. 脚手架的防电

脚手架外侧外边缘与外电架空线路的边线之间必须保持的最小安全操作距离参见表5-5。

表5-5　脚手架顶面与外电架空线路交叉时最小垂直距离

外电线路电压/kV	≤1	1～10	35
最小垂直距离/m	6	7	7

(1)脚手架如果必须穿过380V以内的电力线路而距离又在2m以内时,在搭设和使用期间应当切断或拆除电源,如果不能拆除,必须采取可靠的绝缘措施。进行绝缘包扎应由专业电工操作,并用瓷瓶固定和设置隔离层。

(2)如果电力线路垂直穿过或靠近脚手架,应将靠近线路至少2m内的脚手架水平连接,线路下方的脚手架垂直连接进行接地。

(3)如果线路和脚手架平行靠近时,在靠近线路的脚手架水平连接,并在靠墙一侧每相距25m设置一接地极,入土深度2～2.5m。

在脚手架上施工时，操作者应穿绝缘靴，戴绝缘手套。通过脚手架的电力线路要严格检查并采取保护措施。在架上使用的电焊机、振动器等，要放在干燥的木板上，外壳要采取保护性接地或者接零措施。夜间施工等操作的照明线通过脚手架时，应尽可能使用低于 120 V 的低压电源。

2. 脚手架的避雷

对于高层施工用的或在旷野、山坡上施工用的负荷脚手架(包括钢龙门架、钢井架、钢提升架等)，在雷雨季节或雷击区域中时，应做好避雷防治措施。

对需做避雷装置的脚手架，主要是正确选用制作接闪器和接地装置。接闪器，一般选用 ϕ25～32mm、壁厚不小于 3mm 的镀锌钢管或直径不小于 ϕ14mm 的镀锌钢筋制片，按安全技术的要求，其长度至少应在 1～2m 范围。制作好的接闪器，安装在建筑物各角上的脚手架立杆上，并将最上层的所有横杆全部连通形成避雷网路。如果是在龙门架等垂直运输设备架上安装接闪器，则需将一侧的中间立杆接高超出顶端 2m 以上再安装，同时要将卷扬机外壳接地处理。若在最高架上安装了接闪器且最后退场，可按 60°计算其保护范围，在其保护范围内的其他脚手架和设备可不设避雷装置。

接地装置包括接地极、接地线和其他连接件。接地装置在安设之前应根据土壤的湿度和导电性及接地电阻限值进行设计；接地位置应设在通常人不能去到的地方，以避免跨步电压的危害和接地线受到机械的损伤。接地极应尽可能采用钢材，垂直接地极宜采用角钢、圆钢或钢管，但不宜采用螺纹钢材。采用角钢时，应不小于∟50×5，圆钢直径不小于 20mm，钢管为 ϕ25～50mm，壁厚不小于 2.5mm。垂直接地极长度为 1.5～2.5m。水平接地极长度不低于 3m，可采用(25×4)～(40×4)mm 的扁钢或 ϕ8mm 以上圆钢制作。

一般每设置一个接地极，脚手架的连续长度应不超出 50m，但如果离接地极最远处的脚手架上过渡电阻达到或大于 10Ω，应当缩小接地极间距。接地电阻一般不得超过 20Ω，在土壤电阻率大于 1000Ω・m 的地区，可提高到 30Ω；如超出这一限值，垂直接地极应增加个数，间距不小于 3m，水平接地极应增加长度。接地极埋入地下最高点的埋深应不低于0.5m,并不能在干燥的土层中进行设置。埋设好接地极后,应将新填土夯实。

接地线在保障可靠的前提下,应当尽可能选用$\phi 8$的圆钢或4mm厚以上的扁钢,但不得采用铝导体或地下接地线。接地线与接地极连接应当保证接触可靠,最好采用焊接。焊接的长度至少为接地线直径的6倍以上或扁钢宽度的2倍以上。

二、脚手架的维护与管理【新手知识】

(1)工具式脚手架(如门形架、桥式架、受料平台等)在拆除后需要及时进行维修保护,并配套存放。

(2)凡弯曲、变形的杆件应先调直,损坏的构配件应先修复,方能入库存放,否则应更换。

(3)使用完毕的脚手架(包括构配件)应及时回收入库、分类存放。露天堆放时,场地应平整,排水良好,下设支垫,并用苫布遮盖。配件、零件应存放在室内。

(4)建立健全脚手架工具材料的领发、回收、检查、维修制度,按照谁使用、谁维护、谁管理的原则,实行限额领用或租赁方法,以减少丢失和损耗。

(5)要定期对脚手架的构配件进行除锈、防锈处理,凡湿度较大的地区(大于75%)每年应涂刷防锈漆一次,一般应两年涂刷一次,扣件要涂油,螺栓宜镀锌防锈。若没有条件镀锌时,应在每次使用后用煤油洗涤,再涂上机油防锈。

(6)脚手架使用的扣件、螺母、垫板、插销等小配件极易丢失,在支搭时应将多余件及时回收存放,在拆除时亦应及时验收,不得乱扔乱放。

第四节 脚手架安全预防工作的内容

一、加强安全教育,提高安全工作水平【高手技能】

1. 安全教育的类别和内容

安全教育的类别及内容见表5-6。

表 5-6　安全教育的类别及内容

类　别	内　容
进厂(场)教育	进厂(场)教育是对新参加工作的职工和新入场的民工或分包队伍进行的综合性的基础安全教育,可按“脚手架工程安全教育提纲”并结合安全事故实例和本单位的具体情况进行,使受教育者达到对确保安全的应知应会的要求
针对工作对象的安全教育	工作对象教育是针对具体施工和作业项目进行的安全教育,根据施工组织设计(或技术措施)和有关规程、规定的相应条款对施管人员进行的安全工作教育。要对具体作业对象的各个环节的技术和安全要求以及保证措施达到深入了解、全面掌握并明确职责
自我保护教育	自我安全保护教育的内容可归纳为两个方面: (1)在作业的过程中,应当如何随时做好自我安全保护 (2)当发生意外情况时,应当怎样处置,以避免或减少所受伤害的程度。这些教育内容主要来源于实践和经验的积累,特别是过去出现的安全事故的教训,内容非常丰富和生动深刻
事故教育	事故分为有后果事故或无后果事故 (1)引起伤害和损失的事故称为有后果事故,按其可能后果与实际后果的对比来看,又分为轻、中、重三种不同的程度。 由于安全防护工作的作用或者某种侥幸的因素减小了后果的程度,就表现为偏轻的伤害;而由于思想麻痹或意外因素的出现,结果造成的超重的伤害 (2)没有造成后果的事故称为无后果事故,其原因与轻度事故相同,只是由于安全工作做得较好,或者是由于侥幸而造成 因此,在进行事故教育时,一定要把正面的经验和反面的教训很好地总结出来,即 (1)从避免或减轻事故后果的原因中总结出正面的经验加以推广

续表 5-6

类　别	内　容
事故教育	(2)从侥幸之中认识后果的必然性，切实克服侥幸和麻痹思想 (3)从意外的严重后果中认识事故是各种不安全因素合成的结果，要想避免各种因素的“巧合”，就必须下大力气消除各种不安全因素的存在 因此，进行事故教育时，一定要从重、从严、从可能发生严重后果出发去汲取教训
安全管理工作教育	安全管理工作不仅是上级主管行政、技术和安全的领导对下边的领导、管理与监督，而且也有同级对同级和下级对上级的配合与监督。如果只强调前者而忽视后者，就不可能把安全管理全面落实和做好

2. 提高安全工作水平的主要措施

为了提高脚手架安全工作的水平，应当采取以下主要措施：

(1)加强对施管人员的安全教育和培训工作。

(2)不断加强和完善安全管理和监督体制，把安全工作落实到实处，消除死角。

(3)认真执行有关安全工作的规程、规定和文件，编制好脚手架工程的组织设计和技术安全措施。对需要进行设计的脚手架，一定要认真地做好设计计算和绘出构架的图示。

(4)杜绝违章指挥和违章作业。

(5)完善安全防护设施，提高现场人员的自我保护素质。

(6)严肃认真地处理事故，汲取教训，举一反三地改进安全工作。

(7)加强总结和积累资料以及经验交流工作，不断提高安全工作的科学化和实用化水平。

二、加强安全防护设施，避免或减少事故的发生【高手技能】

(1)认识不足，重视不够；

(2)抱有侥幸心理，尤其是对于一般的、低矮的和短时使用的脚手架，以为不会发生问题；

(3)嫌麻烦、图方便;

(4)不愿意在加强安全防护设施上花钱;

(5)工作安排只停留到口头要求上,没有认真地去落实。

三、加强检查监督、消除事故隐患【高手技能】

加强检查监督、消除事故隐患体现在5方面,具体见表5-7。

表5-7 加强检查监督、消除事故隐患

项目	内容
审查搭设方案	除根据施工要求和有关规程、规定审查设计方案和技术安全要求外,还应特别注意审查各种考虑不细的毛病
验收检查	在脚手架搭设完毕之后进行验收检查,检查的内容大致为: (1)构架尺寸,包括杆件接头位置和节点处杆件的相对距离 (2)扣件的上紧程度和杆配件是否合格 (3)立杆的垂直度及其底部支垫情况;纵向和横向水平杆的水平度及同层水平杆之间的高度误差 (4)连墙件的设置位置、数量和构造情况 (5)铺板层数和脚手板的铺设情况(有无少铺、间隙过大、不平、不稳、探头以及未进行必要的固定等) (6)安全防护(挡脚板、栏杆、安全网及其他围护)设置情况 (7)通道、进出料口、转运平台及其他有局部加强要求部位的构架情况 (8)安全警示标志的设置 验收检查还应当包括地基的情况,如回填土的夯实程度,坑、洼、坡地的处理以及需要另行设置的脚手架基础等。但这些情况的检查应在搭设工作开始之前进行,以免在架子搭成之后发现有问题时,造成过大返工
上岗检查	工人在上岗后,必须先对所使用的脚手架进行检查,确保安全可靠后,方能开始作业

续表 5-7

项　目	内　容
风、雨、雪之后的检查	在风、雨、雪之后检查脚手架有无整体或局部变形、节点和连墙点有无松动、铺板层和安全防护设施是否完好以及地基有无沉降变形等影响脚手架继续安全使用的情况出现
使用过程检查	重点检查在使用过程中有无不得拆除的杆部件、连墙点被拆除而没有采取弥补措施，有无对局部构架尺寸的改动以及临时搭设的不安全的架子等 以上各项检查工作应认真进行，对检查所发现的问题及其处理办法和落实情况都要记录在案，只有这样，才能使检查工作起到发现和消除隐患的作用。不能敷衍潦草、流于形式

第五节　脚手架作业安全教育提纲

一、脚手架的搭设作业【高手技能】

按形成基本构架单元的要求逐排、逐跨和逐步地进行搭设，矩形周边脚手架宜从其中的一个角部开始向两个方向延伸搭设。为确保已搭部分稳定，应遵守以下稳定构架要求：

(1)先放扫地杆，立杆(架)竖起后，其底部先按间距规定与扫地杆扣结牢固，装设第一步水平杆时，将立杆校正垂直后亦予以扣结。先搭设好位于一个角部两侧 1～2 根杆长和 1 根杆高的架子(高度一般不超过 6m，对于超过 6m 的木脚手杆，可先搭至第 3 步)，并按规定要求设置斜杆或剪刀撑，以形成稳定的起始架子，如图 5-5 所示。然后向两边延伸，至全周边都搭好后，再分步满周边向上搭设。

(2)在设置第一层连墙件之前，除角部外，应每隔 10～12m 设置 1 根斜撑杆(抛撑)，撑杆的角度为 45°～60°。连墙杆设置以后，可以拆去临时斜撑杆。

(3)门式脚手架以及其他纵向竖立面刚度较差的脚手架，在连墙点设置层宜加设纵向水平长横杆与连接件联接。

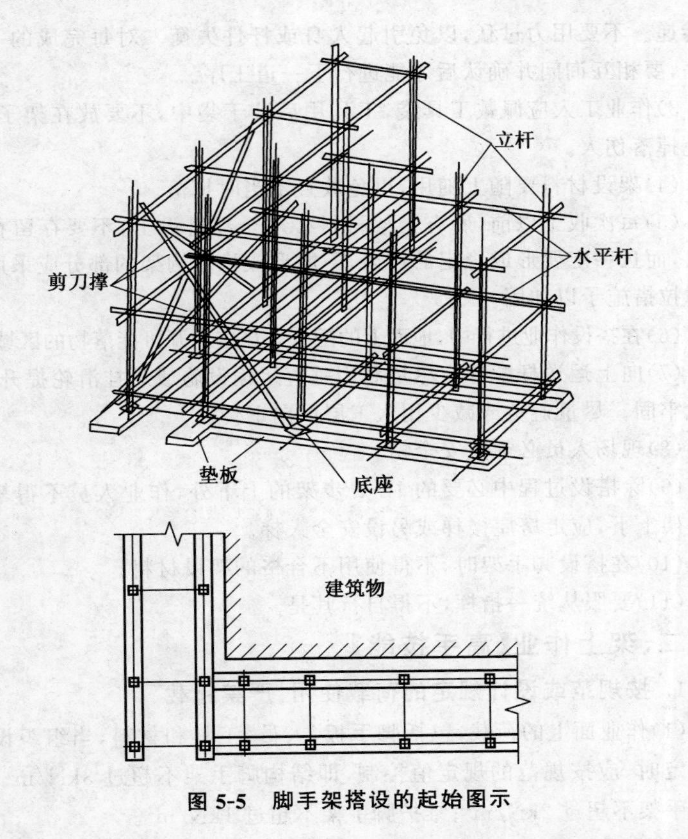

图 5-5　脚手架搭设的起始图示

在搭设作业进行中，应注意按以下要求做好自我保护和保护好作业现场人员的安全：

1）架上作业的工人应穿防滑鞋和佩挂好安全带。为了便于作业和安全，脚下应铺设必要数量的脚手板，并应铺设平稳，且不得有探头板。当暂时无法铺设落脚板时，用来落脚或抓握、把（夹）持的杆件均应为稳定的构架部分，着力点与构架节点的水平距离应不大于 0.8m，垂直距应不大于 1.5m。位于立杆接头之上的自由立杆（尚未与水平杆联结者）不得用作把持杆。

2）架上作业人员应做好分工和配合，传递杆件时应掌握好重心，平稳传递。不要用力过猛，以免引起人身或杆件失衡。对每完成的一道工序，要相互询问并确认后才能进行下一道工序。

3)作业工人应佩戴工具袋，工具用后装于袋中，不要放在架子上，以免掉落伤人。

(4)架设材料要随上随用，以免放置不当时掉落。

(5)每次收工以前，所有上架材料必须全部搭设上，不要存留在架子上，而且一定要形成稳定的构架，不能形成稳定构架的部分应采用临时撑拉措施予以加固。

(6)在搭设作业进行中，地面上的配合人员应躲开可能落物的区域。

(7)向上运送杆配件应尽量利用垂直运输设施或悬挂滑轮提升，并绑扎牢固。尽量避免或减少用人工层层向上传递。

(8)现场人员必须戴安全帽。

(9)除搭设过程中必要的 1～2 步架的上下外，作业人员不得攀缘脚手架上下，应走房屋楼梯或另设安全人梯。

(10)在搭设脚手架时，不得使用不合格的架设材料。

(11)要服从统一指挥，不得自行其是。

二、架上作业【高手技能】

1. 按规范或设计规定的荷载使用，严禁超载

(1)作业面上的荷载，包括脚手板、人员、工具和材料，当组织设计无规定时，应按规范的规定值控制，即结构脚手架不超过 $3kN/m^2$；装修脚手架不超过 $2kN/m^2$；维护脚手架不超过 $1kN/m^2$。

(2)脚手架的铺脚手板层和同时作业层的数量不得超过规定。

(3)架面荷载应力求均匀分布，避免荷载集中于一侧。

(4)垂直运输设施(井字架等)与脚手架之间的转运平台的铺板层数量和荷载控制应按施工组织设计的规定执行，不得任意增加铺板层的数量和在转运平台上超限堆放材料。

(5)过梁等墙体构件要随运随装，不得存放在脚手架上。

(6)较重的施工设备(如电焊机等)不得放置在脚手架上。

2. 不要随意拆除基本结构杆件和连墙件

这样做会损害结构的稳定构造，加大单根杆件和脚手架整体结构

的约束长度，从而显著、甚至严重地降低脚手架的稳定性和承载能力。当因作业的需要必须拆除某些杆件和连墙件时，应取得施工主管和技术人员的同意，并采取可靠的弥补加固措施。

3. 不要随意拆除安全防护设施

未有设置或设置不符合要求时，应予以补设或改善后才能上架进行作业。

4. 架上作业时的注意事项

（1）作业时应注意随时清理落到架面上的材料，保持架面上规整清洁，不要乱放材料、工具，以免影响自己作业的安全和发生掉物伤人。

（2）进行撬、拉、推、拔等操作时，要注意采取正确的姿势，站稳脚跟，或一手把持在稳固的结构或支持物上，以免用力过猛时身体失去平衡或把东西甩出。在脚手架上拆除模板时，应采取必要的支托措施，以免拆下的模板材料掉落架外。

（3）每次收工时，宜把架面上的材料用完或码放整齐。

（4）严格禁止在架面上打闹戏耍、退着行走和跨坐在外护栏上休息。不要在架面上急匆匆地行走，相互躲让时应避免身体失衡。

（5）在脚手架上进行电气焊作业时，要铺铁皮接着火星或移去易燃物，以免火星点着易燃物，并同时准备防火措施。一旦着火时，及时予以扑灭。

（6）雨、雪之后上架作业时，应把架面上的积雪、积水清除掉，避免发生滑跌。

（7）当架面高度不够，需要垫高时，一定要采用稳定可靠的垫高办法，且垫高不要超过 0.5m；超过 0.5m 时，应按搭设规定升高架子的铺板层。在抬高作业面时，应相应加高防护设施。

（8）在架上运送材料经过正在作业中的人员时，要及时发出“请注意”“请让一让”的信号。材料要轻搁稳放，不许采用倾倒、猛磕或其他匆忙卸料方式。

三、脚手架的拆除作业【高手技能】

在统一指挥下，按照确定的程序进行拆除作业，注意事项如下：

（1）一定要按照先上后下、先外后里、先架面材料后构架材料、先辅件后结构件和先结构件后附墙连结件的顺序、一件一件地松开联结、取出并随即吊下(或集中到毗邻的未拆的架面上,扎捆后吊下)。

(2)拆卸脚手板、杆件、门架以及其他较长、较重、有两端联结的部件时,一定要两人或多人一组进行。拆除水平杆件时,松开联结后,水平托持取下。拆除立杆时,在把稳上端后再松开下端联结取下。

(3)应尽量避免单人进行拆卸作业。单人作业时,极易因把持杆件不稳,失衡而出现事故。

(4)多人或多组进行拆卸作业时,应加强指挥、并相互询问和协调作业步骤,严格禁止不按程序进行的任意拆卸。

(5)因拆除上部或一侧的附墙拉结而使架子不稳时,应加设临时撑拉措施,以免因架子晃动,影响作业安全。

(6)拆卸现场作可靠的安全围护,并设专人看管,严禁非施工人员进入拆卸作业区内。

(7)严禁将拆卸下的杆部件和材料向地面抛掷。已吊至地面的架设材料应随时运出拆卸区域,保持现场文明。

(8)作业工人的安全防护要求同搭设作业。

第六节 脚手架事故处理

一、事故发生后的紧急处置工作【高手技能】

(1)立即救护受伤害者,将伤亡人员急送医院救治或安置。对于重伤人员,要全力配合医院做好抢救工作。

(2)封闭或保护事故现场,保持事故发生时的真实状态,避免破坏与事故有关的物体、痕迹和状态。为抢救受伤害者需要移动现场某些物体时,必须做好现场标志,可能时应拍照留下当时实际状况。

(3)采取措施制止事故蔓延扩大:

1)统一指挥,组织好抢救伤害人员工作,并注意做好抢救人员的安全保护、避免造成新的伤害。

2)停止出事班组及其他在危险区内或者会破坏现场现状、影响事故调查的一切作业,撤出有关人员,并对施工安排做紧急调整。

3)当出事的脚手架及其连带结构仍有继续迫害的危险时,处于安全和避免损失扩大的需要,在取得上级或主管部门统一并全面拍照之后,可以进行必要的支撑和加固处理。

(4)立即向上级以及劳动、安全、检察、治安、工会等主管部门报告。

(5)通知受伤害人员亲属,并做好安抚工作。

二、事故的调查和分析【高手技能】

1. 搜集现场物证

凡属于引起事故、伤害的直接或间接原因以及表明事故状态和后果的现场物品和状态照片,都是事故的现场物证,可大致分为两类,见表5-8。

表5-8　事故的现场物证

项　目	内　容
单件物品	损坏的材料杆部件、施工设备和安全设施;坠落物和击打物等
事故状态照片	包括全貌、局部、细部的、从不同角度拍摄的照片

2. 进行事故详情调查

调查工作应在事故发生后随即进行,事故详情调查包括调查内容、调查方式两种,具体见表5-9。

表5-9　事故详情调查

项　目	内　容
调查内容	(1)事故发生的全过程及其每一个细节的真实情况 (2)事故造成的直接和间接损失情况 (3)出事单位的管理资料,施工安排和组织、安全管理工作以及与事故有关的其他情况和资料 (4)涉及引起事故原因的脚手架构造、材料等技术方面的准确数据和情况 (5)出事单位及其上级主管单位的安全工作历史记录与现状
调查方式	(1)对出事现场的实地勘察,对全貌和细部拍照,详细测记出事部位及其他有关方面的尺寸、距离、高度等数据 (2)对当事人、见证人采取个人询问、座谈等方式,从各方面了解与出事有关的情况 (3)查阅出事单位的有关管理文件和资料 (4)召开事故原因分析会,听取各方面人员和人士对事故原因的意见 对于重大事故和恶性事故,还应邀请有关方面的专家参与调查工作

3. 事故分析

常见事故的原因及其程度的描述方法见表5-10。

表5-10 常见事故的原因及其程度的描述方法

序号	事故原因	程度的描述方法
1	整架失去平衡倾倒	动作最初出现的部位;动作过程及延续时间;破坏部分的面积和破坏状态;杆件、连接件的变形和破坏状态;受株连部分的变化状态
2	整架失稳,垂直坍塌	动作最初出现的部位;动作过程及延续时间;破坏部分的面积和破坏状态;杆件、连接件的变形和破坏状态;受株连部分的变化状态
3	连墙点不够拆去数量过多	按规定应当设置的数量,实际设置的数量和在使用中拆去的数量
4	连墙件不符合要求,受力后遭致破坏	连墙件的形式、材质、规格尺寸、承载能力和实际受到的作用力
5	基本结构单元尺寸过大,缺少或拆去部分基本构架杆件	基本构架单元的尺寸、缺少(未设置)或拆去了哪些基本的结构杆件、总的数量及其分布情况
6	搭设高度超过规定,没有采用双立杆或卸载措施	高度限定值、实际搭设高度,立杆底部承受的荷载值
7	作业面没有满铺脚手板,孔隙太大	架面宽度、铺板和孔隙宽度
8	严重超载	铺脚手板层数;同时作业层数;架面上的人员和材料堆置的分布情况;实际均布和集中荷载数值;底部立杆荷载数值
9	缺少防护设施或防护设施不符合要求	防护设施(栏杆,挡脚板、围板、围布、安全网)的设置情况(数量、间距、牢固程度)
10	违章作业和不当作业	违章作业和不当作业(冲击、磕碰,用力过猛、把持不稳、姿势不对等)的情况
11	违章指挥	违章的安排、指挥和对工作中出现的情况处理的情况
12	架子或立杆垂直偏差过大	垂直偏差数值和分布情况
13	架设材料不合格,有严重缺陷	不合格材料缺陷(锈蚀、变形、裂缝、节疤)的尺寸、材质以及破坏情况

续表 5-10

序号	事故原因	程度的描述方法
14	基地未按规定处理，出现不均匀沉降，造成架子倾斜或其他变形	基地状况、不均匀沉降的部位和沉降值、架子倾斜或变形的部位和状态尺寸
15	随意改动构架方案或临时搭设不合格架子	改动构架方案的起因和构架的形式尺寸；不合格架子的构造情况
16	违反搭设或拆除的规定程序，工人在不稳定的部位上作业	过早拆除或未按要求装设基本构架杆件和连墙、拉撑件的情况，工人所在作业部位的架子状况
17	缺少自我安全保护	没按规定戴安全帽、佩挂安全带和采取防碰、防砸、防滑、防闪失、防止从洞口坠落的情况
18	高空落物或掷物	落物的名称、大小、重量、坠落部位和高度，引起落物的原因
19	非现场施管人员进入施工危险区域	现场围护、设置警示标志和派人看管的情况
20	门型脚手架缺必要的整体联系(加强刚度)	确保整体刚度的扣挂脚手板、平行架、锁臂必须设置数量的缺少情况及其分布；对连墙件设置层，当不铺脚手板时，是否加设纵向通常水平杆的情况
21	吊挂件和设备出问题	吊挂件和设备的名称以及所出问题(动作失灵、部件磨损、破坏，安装不当、缺润滑、支持物不稳固等)的详细情况和相关数据
22	重返已部分或全部撤去脚手板的作业面进行修补工作	作业部位架子是否已缺某些基本杆件和防护设施，作业面已有或新铺脚手板情况
23	不可抗拒的自然因素影响	无预报的轻度地震、龙卷风、雷击，车辆冲撞以及其他意外事件的发生时间、持续时间、影响部位及破坏程度
24	安全管理工作差，存在严重的安全隐患	涉及安全工作的管理组织、规章制度、岗位职责、教育培训、安全检查验收、安全防护设备的配备，上岗交底、下岗清理、奖罚办法以及执行程度等全面情况及相关数字。安全隐患的存在情况

三、事故的分类和定性【高手技能】

1. 事故的分类

事故的分类见表5-11。

表5-11 事故的分类

分类因素	内容
按人员受到的伤害程度	(1)受到的伤害程度,划分为轻伤、重伤和死亡三类 1)轻伤事故:指损失1个工作日至105个工作日的失能(不能继续工作,需要休息治伤)伤害 2)重伤事故:指损失工作日等于和超过105个工作日的失能伤害 3)死亡事故 以上是按"损失工作日",即事故在劳动力方面造成的损失来划分的 (2)1960年劳动部颁布的"关于重伤事故范围"的意见确定,凡有下列情形之一者,均按重伤事故处理 1)经医生诊断成为残废或可能成为残废的 2)伤势严重,需要进行较大手术的 3)人体要害部位严重灼伤、烫伤或虽非要害部位,但灼伤、烫伤占全身面积三分之一以上的 4)严重骨折(胸骨、肋骨、脊椎骨、锁骨、肩胛骨、腕骨、腿骨和脚骨等因受伤引起的骨折)、严重脑震荡等 5)眼部受伤较剧,有失明可能的 6)手部伤亡 ①大拇指轧断一节的 ②其他4指中任何一只轧断两节和任何两只各轧断一节的 ③局部肌腱受伤甚剧,引起肌能障碍,有不能自由伸屈的残废可能的 7)脚部伤害 ①脚趾轧断3只以上的 ②局部肌腱受伤甚剧,引起肌能障碍,有不能行走自如的残废可能的 8)内部伤害:内脏损伤、内出血或伤及腹膜等 9)其他经医生诊断认为受伤较重者 死亡事故又可分为重大伤亡事故(死亡1~2人)和特大伤亡事故(死亡3人以上)

续表 5-11

分类因素	内　　容
按经济损失程度划分	1)一般损失事故:经济损失小于1万元的事故 2)较大损失事故:经济损失大于1万元(含1万元)但小于10万元的事故 3)重大损失事故:经济损失大于10万元(含10万元)但小于100万元的事故 4)特大损失事故:经济损失大于100万元(含100万元)的事故
建设部	建设部把工程建设过程中的重大事故分为4个等级 1)一级重大事故:死亡30人以上或直接经济损失300万元以上的 2)二级重大事故:死亡10～29人或直接经济损失100～300万元的 3)三级重大事故:死亡3～9人,重伤20人以上或直接经济损失30～100万元的 4)四级重大事故:死亡2人以下,重伤3～19人或直接经济损失10～30万元的

2. 事故的性质

事故的性质通常分为3类,见表5-12。

表 5-12　事故的性质

项目	内　　容
责任事故	由于人的过失造成的事故
非责任事故	由于人们不能预见或不可抗拒的自然条件变化所造成的事故。或是在技术改造、发明创造、科学试验活动中,由于科学技术条件的限制而发生的无法预料的事故
破坏性事故	为达到既定目的而制造的事故 对已确定为破坏性事故的,应由公安机关和企业保卫部门认真追查破案,依法处理

四、事故调查报告及其他事故档案材料【高手技能】

1. 事故调查报告

事故调查报告是对事故进行描述和分析的全面性材料。不但是对事故进行处理的主要依据材料之一；而且也是汲取教训、提高管理水平和发展安全技术的宝贵材料。因此，一定要用明确而简练的文字，有条理地编写出来，经调查组全体人员签字报批。如果调查组内部在意见上有分歧，应在弄清事实的基础上，对照政策法规反复研究、统一认识。同时允许个别同志保留自己的不同意见，并在签字时予以说明。

事故调整报告的一般格式和内容要求见表5-13。

表5-13 事故调查报告的一般格式和内容要求

层次		节、段名称	内容要求
节	段		
文头		—	某时某地某单位发生什么类型的事故，调查组由谁组织，成员构成，调查工作简况、概述，最后以“特提出以下事故调查报告”引出下文
一	1	事故发生的经过，事故过程	按时间顺序叙述事故发生的过程，交代清楚在事故过程中人员、架子、材料物品的动作、变化和结局
	2	人员伤亡和财物（脚手架、设备、材料以及连带建筑）的损坏情况	详述受伤者伤及部位和程度，死亡者致死原因和财物损坏的范围、程度等
	3	事故发生后的抢救工作和现场紧急处置情况	抢救工作的开始和延续时间，人力、物力的投入情况，抢救效果，包括保护现场、避免损失扩大和调整施工安排等紧急处置情况

续表 5-13

层次 节	段	节、段名称	内容要求
二	1	事故发生的原因，直接原因	引起事件(行为)动作的直接原因，以调查的物证、人证、勘测数据为基础，在数量和程度上给以客观的，准确的，而不是主观的、臆想的推断，必要时应给出验算结果
	2	间接原因	引起直接原因的各种间接因素，如制度不健全，安全教育差，管理混乱，缺乏检查等，并有数字、程度的说明
	3	潜在的隐患	全面列举在调查中发现的潜在的隐患
三	 1 2 3	事故的责任分析 直接责任者 间接责任者 管理责任者	对责任者涉及的范围，主次关系以及本人的态度和认识都要说清楚，包括可能存在的争议
四	 1 2 3	事故处理的意见 对责任者的处理 对受伤害者的安排和对受伤害者亲友的安抚工作 对事故现场和施工安排的处理	以调查者的身份，从调查的结论出发提出处理工作的建议
五	1	事故的教训及改进工作的意见 从事故中汲取教训	从事故出发，举一反三，要有一定的深度
	2	改进工作的建议	从事故的教训中引出改进工作措施的具体建议

2. 其他事故的档案材料

除事故的调查报告外，还需准备以下材料：

(1)职工伤亡事故登记表；

(2)职工重伤、死亡事故调查报告书(要表明调查组人员的姓名、职务并逐个签字)；

(3)现场勘察资料(记录、图纸、照片等)和物证、人证调查材料；

(4)技术鉴定和试验报告；

(5)医疗部门对伤亡者的诊断结论及影印件；

(6)企业或其主管部门的事故结案申请报告；

(7)受处理人员的检查材料；

(8)有关部门对事故的结案批复。

五、事故的审理与结案【高手技能】

1. 对事故责任者的处理

根据情节轻重和损失大小、按照主要责任、重要责任、一般责任和领导责任，给予应得的处分。情节严重已构成犯罪者，给予法律惩处。

2. 对事故单位的处罚

按照国家或行业系统的有关规定，由上级主管单位研究决定给予出事单位的领导以行政处分和给予单位以经济处罚。

3. 对事故的善后处理

按照有关规定对受伤害人员的正当权益给以妥善安排，解决或处理。

在处理工作中，属于单位权限之内的事务，由单位做出决定并报送上级单位备案；不属于单位权限的，可提出处理意见呈报上级审定。

事故案件的审批权限，同企业的隶属关系及干部管理权限一致。

事故调查处理结论报出后，需经各有关上级主管部门审批后才能结案。伤亡事故处理工作应当90日内结案，特殊情况下亦不得超过180天。

第六章　脚手架施工方案的编制

第一节　脚手架施工方案的编制要求

一、编制脚手架施工方案的内容【高手技能】

1. 施工顺序的确定

施工顺序的确定一般建筑物的施工顺序是：先地下、后地上；先土建、后设备；先主体、后围护；先结构、后装修。有了这样的施工顺序就可以按顺序做好各项施工准备工作，合理安排各阶段各工种的施工及相互间的协作配合。

混合结构民用房屋施工顺序如图 6-1 所示。单层工业厂房施工顺序如图 6-2 所示。

2. 施工方法和施工机械的选择

正确地选择施工方法和施工机械是编制施工方案的关键。因为它直接影响到施工速度、工程质量、施工安全和工程成本。应选择适合本工程的最先进、最合理、最经济的施工方法和施工机械，达到降低工程成本，提高劳动生产率的目的。

施工方法的选择，取决于工程特点、工期要求、施工机械的使用和施工工艺、作业环境等因素，不同类型工程的施工方法有很大的差异。

在拟定施工方法的同时，还应明确指出该施工项目的质量标准，以及确保质量与安全的技术措施。

3. 确定工程施工的流水组织

(1)施工作业方式主要类型。通常所采用的施工作业方式主要可以归纳为 3 种类型，见表 6-1。

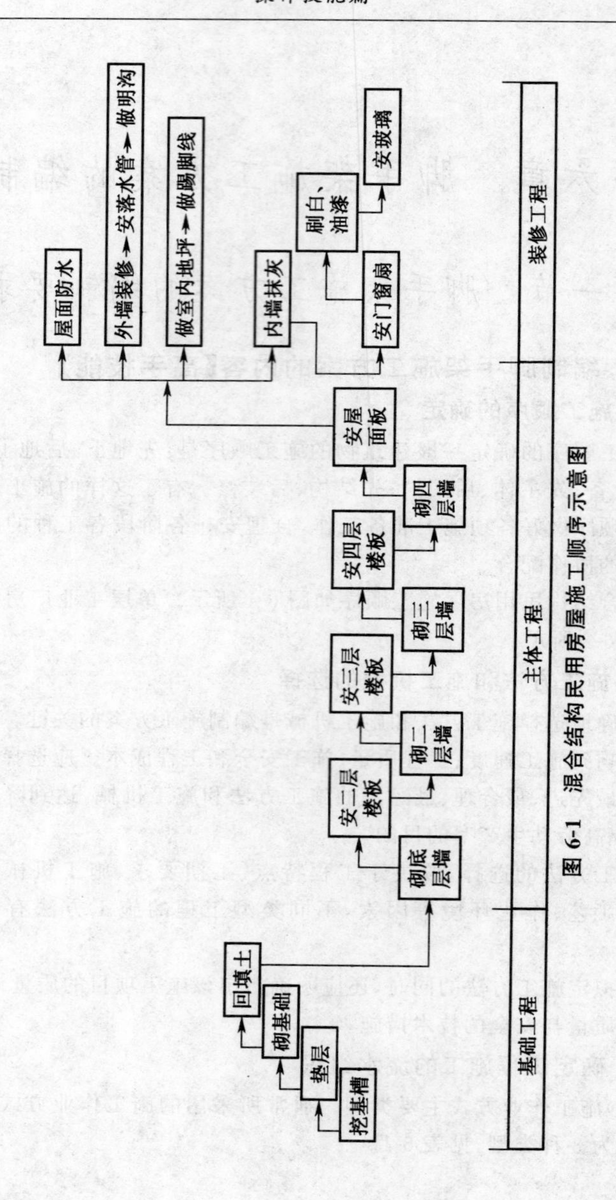

图 6-1 混合结构民用房屋施工顺序示意图

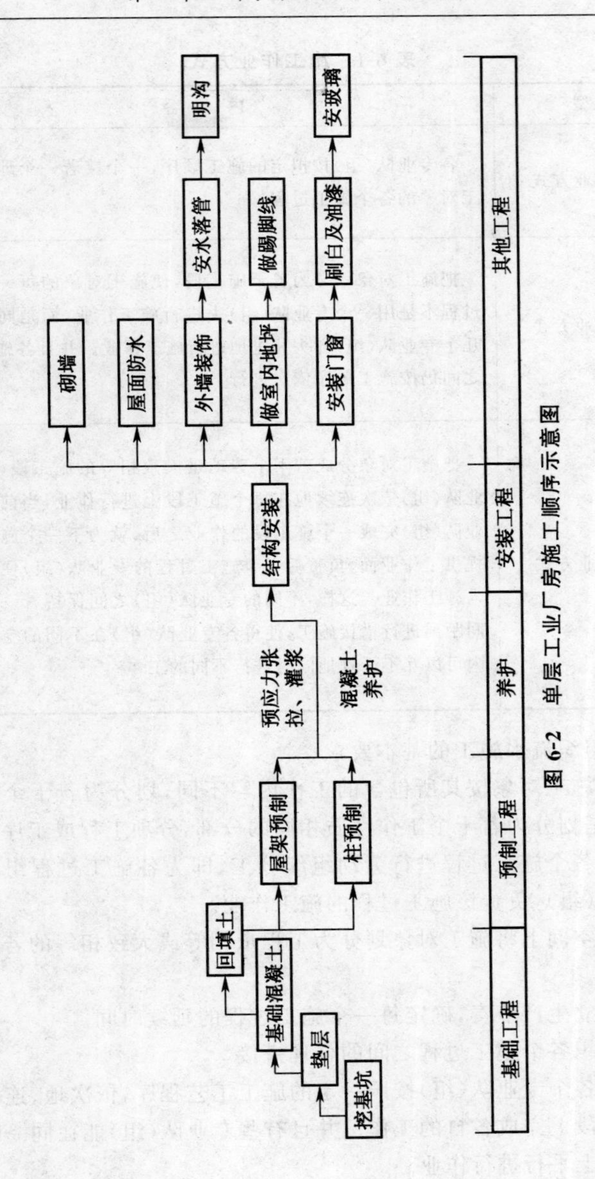

图 6-2　单层工业厂房施工顺序示意图

表 6-1 施工作业方式

类型	内 容
依次作业方式	各专业队(组)按拟定的施工顺序,一个接着一个地完成施工对象的各个施工过程
平行作业方式	把施工对象划分为若干施工段,使施工对象的每一个施工过程不是用一个专业队(组)去进行施工作业,而是同时安排几个专业队(组)齐头并进地进行施工作业。并且各施工过程之间仍按施工顺序依次进行
流水作业方式	把施工对象分成若干个劳动量大致相等的施工段,各个专业队(组)依次连续地在每个施工段上进行作业,当前一个专业队(组)完成一个施工段的作业之后,就为下一个施工过程提供了作业面,负责后一个施工过程的专业队(组)便可以投入施工作业。这样,不同的专业队(组)之间保持着一定的时间距离进行措接施工,使得各专业队(组)在不同的空间范围内可以互不干扰地同时进行不同的工作

(2)组织流水施工的基本要求。

1)将施工对象按其所包含的工作内容不同,划分为若干个施工过程,也就是划分为若干个工作性质相同的分部、分项工程或工序。

2)对各个施工过程进行劳动组织分工,即为各施工过程组织相应的专业队(组),负责该施工过程的施工作业。

3)在空间上将施工对象划分为工程量相等或大致相等的若干个施工段(层)。

4)建立生产节奏,确定每一个施工过程的延续时间。

5)组织各个施工过程之间的合理搭接。

6)使各个专业队(组)按照一定的施工工艺程序,依次地、连续地在各个施工段上完成各自的工作。并且有些专业队(组)能在同一时间的不同空间上平行进行作业。

二、编制脚手架施工方案的原则【高手技能】

1. 一般性房屋建筑施工的外脚手架

(1)所搭设的脚手架要有足够的面积，以满足工人操作、材料堆放和人行通道运输的需要。

(2)所搭设的脚手架要坚固、稳定，保证在施工期内，在各种荷载和气候条件下不发生变形、不倾斜、不摇晃，安全可靠。

(3)所搭设的脚手架要构造简单、搭拆和搬运方便，并能多次周转运用。

(4)尽量考虑节约搭设脚手架的用料。

(5)脚手架为辅助工程，搭设的进度要和其他工序相配合，保证各项施工有序、有节奏，按时完成。

2. 高层建筑外脚手架

(1)高层建筑外脚手架必须安全感好，有防御意外情况的切实措施，使高处作业人员和外脚手架影响范围内的人员人身安全有可靠保证。

(2)高层建筑外脚手架，应能满足高层建筑施工和施工进度的要求，适用性强。

(3)高层建筑外脚手架施工方案的选择依据如下：

1)建筑高度不超过 40m 时，用于涂料、干粘石或水刷石等施工的外脚手架，宜选用挂架、吊篮架和插接式框式钢管脚手架。

2)建筑物外立面凹凸不大于 1m 时，可采用桥式脚手架。

3)高层房屋围护结构采用砖砌体，装饰工程采用贴面砖，施工荷载较大时，可采用扣件式钢管脚手架。

4)建筑物的高度超过 40m 时，应沿建筑物长度方向分段，可采用吊撑或悬挑一次或几次搭设扣件式钢管脚手架。

5)当建筑物的总高度不超过 60m，层高低于 3m 时，可采用上吊式扣件钢管桁架式斜撑钢管加拉杆的脚手架。

6)当建筑物的柱 、梁、剪力墙为现浇钢筋混凝土结构，且层高低于 3m 时，可选用三角形钢架脚手架。

三、编制脚手架施工方案的基本要点【高手技能】

编制脚手架施工方案的基本要点体现在 4 点，见表 6-2。

表 6-2　编制脚手架施工方案的基本要点

项目	内　容
审核图纸，了解建筑物的总体情况	(1)通过建筑平面图了解建筑物的平面形式，建筑物的总长和进深多宽，共有多少开间，每个开间的平面尺寸多大等 (2)通过建筑立面图了解建筑物的立面情况。如总高多少，共有多少层，每层的层高多少；立面有无高低跨，屋顶是平屋顶还是坡屋顶，有无阳台及外墙的装饰要求等
根据施工组织设计要求选用脚手架形式	(1)了解施工组织设计对脚手架施工提出了什么具体的要求 (2)根据施工要求、施工地点和施工条件确定脚手架的种类
了解项目施工的具体情况，安排脚手架的施工步骤和施工方法	(1)掌握项目施工进度和分段流水施工的具体时间要求，了解有多少工种需搭设脚手架，掌握这些情况以后，就可以根据不同的时间要求，不同的使用要求安排脚手架的施工步骤和施工方法 (2)提出搭设脚手架的安全技术措施
计算工程量、材料、机具数量等	针对整个工程，计算脚手架的施工工程量和所需要的材料、机具数量，以及劳动力的用工量，并提出相应的计划、进场时间和完成日期，做到有计划科学施工。是使用扣件式或碗扣式钢管脚手架，或是使用毛竹脚手架；如条件许可，是否可采用框式脚手架或桥式脚手架

第二节　脚手架用料量的估算

一、扣件式钢管脚手架用料量【高手技能】

每搭设 1000m^2 墙面扣件式钢管脚手架用料量估算见表 6-3。

表 6-3 扣件式钢管脚手架用料量参考表

材料名称	单位	墙高 20m		墙高 10m	
		单排	双排	单排	双排
1. 钢管					
立杆	m	546	1092	583	1166
顺水杆	m	805	1560	834	1565
排木	m	924	882	998	897
剪刀撑	m	183	183	100	100
小计	m	2458	3717	2515	3728
钢管重量	t	9.44	14.27	9.66	14.32
2. 扣件					
直角扣件	个	908	1688	943	1685
回转扣件	个	75	75	40	40
对接扣件	个	206	404	189	361
底座	个	26	52	53	106
小计	个	1215	2219	1225	2193
扣件重量	t	1.63	2.98	1.65	2.97
3. 钢材用量	t	11.07	17.25	11.31	17.29

二、扣件式组合脚手架用料量【高手技能】

每搭设 1000m^2 墙面扣件式组合脚手架用料量估算见表 6-4。

表 6-4 扣件式组合脚手架用料量参考表

材料名称	单位	单排	双排	备注
1. 钢管				ϕ48×3.5
立杆	m	574	736	
顺水大横杆	m	624	413	
排木小横杆	m	1026	1146	
剪刀撑、斜撑	m	375	386	
小计	m	2599	2681	
钢管重量	t	9.98	10.3	

续表 6-4

2. 扣件				
直角扣件	个	1136	1072	每个重 1.25kg
回转扣件	个	140	168	每个重 1.5kg
对接扣件	个	96	64	每个重 1.6kg
度座	个	32	64	每个重 2.14kg
小计	个	1404	1368	
扣件重量	1	1.85	1.83	
3. 桁架	t	0.92	1.84	6m 型钢桁架每个
4. 钢材用量	t	12.75	13.97	用钢量为 153.4kg

三、框式脚手架用料量【高手技能】

每搭设 1000m² 墙面框式钢管脚手架用料量估算见表 6-5。

表 6-5 框式钢管脚手架用料量参考表

材料名称	单位	用料量					
		门形脚手架			梯形脚手架		
		每件重量/kg	件数	总重量/kg	每件重量/kg	件数	总重量/kg
框架	榀	33.73	270	9107	34.41	270	9291
剪刀撑	副	7.18	270	1939	7.18	270	1939
水平撑	根	2.81	504	1416	2.81	504	1416
栏杆	副				10.74	15	161
栏杆立柱	根	4.02	30	121			
栏杆横杆	根	2.64	58	153	2.67	28	75
三脚架	个	4.4	30	132	4.4	30	132
底座	个	2.75	60	165	3.86	60	232
连接螺栓	个	0.09	1080	97	0.09	1080	97

四、木脚手架用料量【高手技能】

每搭接 1000m² 墙面木脚手架用料量估算见表 6-6。

表 6-6　木脚手架用料量参考表

材料名称	单位	用料量				备注
		墙高 20m		墙高 10m		
		单排	双排	单排	双排	
杉杆：梢径 7cm，长 6m	根			202	338	立杆、剪刀撑用
梢径 7cm，长 8m	根	153	258			立杆、剪刀撑用
梢径 8cm，长 8m	根	119	231	126	238	顺水杆用
木杆：梢径 8cm，长 2m	根	594	594	611	611	顺水杆用
木材合计	m^3	31.6	51.8	29.8	48	
8 号钢丝	kg	276	517	291	531	

注：1. 表中所列木脚手架构造方式：立杆纵向间距为 1.5m、立杆横向间距双排为 1m，单排立杆距墙面 1.5m；顺水杆步距为 1.2m，操作层排木间距为 0.75m。

2. 墙高 20m 者搭设 16 步 34 跨；墙高 10m 者搭设 8 步 67 跨。

五、竹脚手架用料量【高手技能】

每搭设 $1000m^2$ 墙面竹脚手架用料量估算见表 6-7。

表 6-7　竹脚手架用料量参考表

材料名称	单位	用料量				备注
		墙高 20m		墙高 10m		
		单排	双排	单排	双排	
毛竹：梢径 7.5cm，长 6m	根		1028		1035	立杆、顺水杆、剪刀撑用排木用
梢径 9cm，长 2m	根		594		611	
竹篾：长 2.5～2.7m，每把 6～7 根	把		3350		3270	

注：1. 表列竹脚手架构造方式：立杆纵向间距为 1.5m，立杆横向间距为 1m，顺水杆步距为 1.2m，操作层排水间距为 0.75m。

2. 墙高 20m 者搭设 16 步 34 跨，墙高 10m 者搭设 8 步 67 跨。

六、钢脚手架用料量【高手技能】

每搭设 $1000m^2$ 墙面角钢脚手架用料量估算见表 6-8。

表 6-8　角钢脚手架用料量参考表

材料名称	用料量				
	单位	每件重量/kg	件数	总重量/kg	备注
立杆 3.88m	根	17.57	260	4568	
短立杆 2.33m	根	9.54	13	124	
顺水杆 2m	根	10.19	500	5095	
排木 1.2m	根	5.66	285	1613	
栏杆 2m	根	10.19	25	255	
斜撑	根	21.12	45	950	
三脚架	个	2.26	26	59	
底座	个	2.09	52	109	
合计				12773	
其中					
∟50×5				4313	
∟75×50×5				6407	
∟50×5				970	

注：1. 1000m² 墙面，高 20m 的脚手架按双排 11 步 25 跨计算。

2. 每件重量已包括附焊铁件在内。

3. 斜撑按“之”字形单肢布置，用 ϕ48×3.5mm 钢管。

参考文献

[1] 中华人民共和国行业标准.建筑施工扣件式钢管脚手架安全技术规范(JGJ130—2011)[S].

[2] 中华人民共和国行业标准.建筑施工门式钢管脚手架安全技术规范(JGJ128—2010)[S].

[3] 刘宪勇.建设职业技能岗位培训教材—架子工[M].北京:中国环境科学出版社,2003.

[4] 建设部工程质量安全监督与行业发展公司.建筑工人安全操作基本知识读本—架子工.

[5]何猛.工人小手册系列丛书—架子工小手册[M].北京:中国电力出版社,2006.